青立方之光

全国BIM技能等级考试系列教材·考试必备

Revit MEP 机电管线综合应用

主　编　薛　菁

主　审　王林春　袁　杰

副主编　安宗礼　何亚萍　吴福城

编　委　桑　海　刘　谦　路小娟　张　斌　王丽娟

　　　　孙一豪　李敬元　薛少博　邢　鑫　姚　爽

　　　　鲜立勃　薛少锋　薛　宁　张旭柏　王长坤

　　　　高锦毅　郝　颖

西安交通大学出版社
XI'AN JIAOTONG UNIVERSITY PRESS

图书在版编目(CIP)数据

Revit MEP 机电管线综合应用/薛菁主编. —西安：
西安交通大学出版社,2017.10
ISBN 978－7－5693－0216－5

Ⅰ.①R… Ⅱ.①薛… Ⅲ.①机电工程-研究
Ⅳ.①TH

中国版本图书馆 CIP 数据核字(2017)第 251174 号

书　名	Revit MEP 机电管线综合应用	
主　编	薛　菁	
责任编辑	王建洪	
出版发行	西安交通大学出版社	
	(西安市兴庆南路 10 号　邮政编码 710049)	
网　址	http://www.xjtupress.com	
电　话	(029)82668357　82667874(发行中心)	
	(029)82668315　82669096(总编办)	
传　真	(029)82668280	
印　刷	陕西日报社	

开　本	787mm×1092mm　1/16　印张 18.75　字数 456 千字	
版次印次	2018 年 1 月第 1 版　2018 年 1 月第 1 次印刷	
书　号	ISBN 978－7－5693－0216－5	
定　价	59.80 元	

读者购书、书店添货、如发现印装质量问题,请与本社发行中心联系、调换。
订购热线:(029)82665248　(029)82665249
投稿热线:(029)82668526
读者信箱:xj_rwjg@126.com

版权所有　侵权必究

P 序
reface

BIM(建筑信息模型)源自于西方发达国家,他们在 BIM 技术领域的研究与实践起步较早,多数建设工程项目均采用 BIM 技术,由此验证了 BIM 技术的应用潜力。各国标准纷纷出台,并被众多工程项目所采纳。在我国,住房和城乡建筑部颁布的《2011—2015 年建筑业信息化发展纲要》中明确提出要"加快建筑信息化模型(BIM)、基于网络的协同工作等新技术在工程中的应用,推动信息化标准建设"。从中可以窥见,BIM 在中国已经跨过概念普及的萌芽阶段以及实验性项目的验收阶段,真正进入到发展普及的实施阶段。在目前阶段,各企业考虑的重心已经转移到如何实施 BIM,并将其延续到建筑的全生命周期。

目前,BIM 技术应用已逐步深入到应用阶段,《2016—2020 年建筑业信息化发展纲要》的出台,对于整个建筑行业继续推进 BIM 技术的应用,起到了极强的指导和促进作用,可以说 BIM 是建筑业和信息技术融合的重要抓手。同时,BIM 技术结合物联网、GIS 等技术,不仅可以实现建筑智能化,建设起真正的"智能建筑",也将在智慧城市建设、城市管理、园区和物业管理等多方面实现更多的技术创新和管理创新。

Autodesk Revit 作为欧特克(Autodesk)软件有限公司针对 BIM 实施所推出的核心旗舰产品,已经成为 BIM 实施过程中不可或缺的一个重要平台;是欧特克公司基于 BIM 理念开发的建筑三维设计类产品。其强大功能可实现:协同工作、参数化设计、结构分析、工程量统计、"一处修改、处处更新"和三维模型的碰撞检查等。通过这些功能的使用,大大提高了设计的高效性、准确性,为后期的施工、运营均可提供便利。它通过 Revit Architecture、Revit Structure、Revit MEP 三款软件的结合涵盖了建筑设计的全专业,提供了完整的协作平台,并且有良好的扩展接口。正是基于 Autodesk Revit 的这种全面性、平台性和可扩展性,它完美地实现了各企业应用 BIM 时所期望的可视化、信息化和协同化,进而成为在市场上占据主导地位的 BIM 应用软件产品。了解和掌握 Autodesk Revit 软件的应用技巧在 BIM 的工程实施中必然可以起到事半功倍的效果。

青立方之光全国 BIM 技能等级考试系列教材是专门为初学者快速入门而量身编写的,编写中结合案例与历年真题,以方便读者学习巩固各知识点。本套教材力求保持简明扼要、通俗易懂、实用性强的编写风格,以帮助用户更快捷地掌握 BIM 技能应用。

陕西省土木建筑学会理事长
陕西省绿色建筑创新联盟理事长

BIM(Building Information Modeling,建筑信息模型),是以建筑工程项目的各项相关信息作为模型的基础,进行模型的建立,通过数字信息仿真模拟建筑物所具有的真实信息。它是继"甩开图版转变为二维计算机绘图"之后的又一次建筑业的设计技术手段的革命,已经成为工程建设领域的热点。

自 20 世纪 70 年代美国 Autodesk 公司第一次提出 BIM 概念至今,BIM 技术已在国内外建筑行业得到广泛关注和应用,诸如英国、澳大利亚、新加坡等,在北美等发达地区,BIM 的使用率已超过 70%。

为贯彻落实《中共中央、国务院关于进一步加强人才工作的决定》精神,落实《高技能人才队伍建设中长期规划(2010—2020 年)》,加快高技能人才队伍建设,更好地解决 BIM 技术、BIM 实施标准和软件协调配套发展等系列问题,西安青立方建筑数据技术服务有限公司根据市场和行业发展需求,结合国内典型 BIM 成功案例,采纳国内一批知名 BIM 专家和行业专家共同意见,推出 BIM 建模系列解决方案课程。

本书详细讲解了 Revit MEP 软件入门知识及高级技能,旨在培养高质量的 BIM 建模人才。本书以最新版本的 Revit MEP 2016 中文版为操作平台,全面地介绍使用该软件进行给水、暖通、电气建模设计的方法和技巧。全书共分为 10 章,包括 3 个部分内容,第 1 部分包含 Autodesk Revit MEP 简介与 Autodesk Revit MEP 项目创建,第 2 部分包含建筑给水排水设计、暖通空调设计以及电气设计,第 3 部分包含碰撞检查、协同工作、渲染漫游、创建明细表以及成果输出。

本书内容结构严谨,分析讲解透彻,且实例针对性极强,既适合作为 Revit MEP 的培训教材,也可以作为 Revit MEP 建模人员的参考资料。

本书由西安青立方建筑数据技术服务有限公司董事薛菁担任主编,中机国际工程设计研究院有限责任公司安宗礼、西安青立方建筑数据技术服务有限公司何亚萍和广州万玺交通科技有限公司吴福城共同担任副主编。具体编写分工如下:第 1 章、第 2 章由兰州交通大学路小娟编写;第 3 章、第 4 章由吴福城编写;第 5 章、第 6 章由安宗礼编写;第 7 章、第 8 章由何亚萍编写;第 9 章、第 10 章由薛菁编写。全书由西安青立方建筑数据技术服务有限公司桑海统稿,中机国际工程设计研究院有限责任公司王林春和袁杰主审。

青立方之光系列教材的顺利编写得到了青立方各位领导的支持,各大高校老师的鼎力协助,家人的全力支持。特别感谢身边各位同事在工作过程中给予的帮助。

由于时间仓促及水平有限,书中难免有不足与错误,敬请读者批评指正,以便日后修改和完善。

编　者
2017.7

C目 录
Contents

第1章 Autodesk Revit MEP 简介

1.1 Autodesk Revit MEP 简介和优势

1. Autodesk Revit MEP 简介

1975 年,"BIM 之父"——乔治亚理工大学的 Chailes Eastman 教授创建了 BIM 理念。至今,BIM 技术的研究经历了三大阶段:萌芽阶段、产生阶段和发展阶段。BIM 理念的启蒙,受到了 1973 年全球石油危机的影响,美国全行业需要考虑提高行业效益的问题,1975 年 Chailes Eastman 教授在其研究的课题"Building Description System"中提出"a computer-based description of-a building",以便于实现建筑工程的可视化和量化分析,提高工程建设效率。

Autodesk Revit MEP 是一款 BIM 软件,其主要定位在 BIM 模型的创建阶段,通过一系列为 MEP(Mechanical、Electrical and Plumbing,即建筑水暖电)专业设计的工具,帮助用户设计创建 BIM 的机电模型。

从 BIM 全生命周期应用来看,Autodesk Revit MEP 主要应用于项目的前期设计及设计阶段,可以辅助设计师完成方案设计、模型创建、计算分析、施工图设计、深化设计以及精确算量等工作。

2. Autodesk Revit MEP 优势

Autodesk Revit MEP 的强项在于提供了一个 BIM 模型创建的平台,用户可以使用其内置功能或者通过 API 开发的方式,找到一个快速准确的创建建筑物信息模型的方法。

Revit MEP 可以创建面向建筑设备及管道工程的建筑信息模型。使用 Revit MEP 软件进行水暖电专业设计和建模,主要有如下优势:

(1)按照工程师的思维模式进行工作,开展智能设计。

Revit MEP 软件借助真实管线进行准确建模,可以实现智能、直观的设计流程。Revit MEP 采用整体设计理念,从整座建筑物的角度来处理信息,将排水、暖通和电气系统与建筑模型关联起来,为工程师提供更佳的决策参考和建筑性能分析。借助它,工程师可以优化建筑设备及管道系统的设计,更好地进行建筑性能分析,充分发挥 BIM 的竞争优势,促进可持续性设计。同时,利用 Revit MEP 与建筑师和其他工程师协同,还可及时获得来自建筑信息模型的设计反馈,实现数据驱动设计所带来的巨大优势,轻松跟踪项目的范围、进度和进行工程量统计、造价分析。

(2)借助参数化变更管理,提高协调一致。

利用 Revit MEP 软件完成建筑信息模型,最大限度地提高基于 Revit 的建筑工程设计和制图的效率。它能够最大限度地减少设备专业设计团队之间,以及与建筑师和结构工程师之间的协作。通过实时的可视化功能,改善与客户的沟通并更快的作出决策。

Revit MEP 软件建立的管线综合模型可以与由 Revit Architecture 软件或 Revit structure 软件建立的建筑结构模型展开无缝协作。在模型的任何一处进行变更,Revit MEP 可在整个设计和文档集中自动更新所有相关内容。

（3）加强沟通，提升业绩。

设计师可以通过创建逼真的建筑设备及管道系统示意图，加强与甲方设计意图的沟通。通过使用建筑信息模型，自动交换工程设计数据，并从中受益。通过使用建筑信息模型，可及早发现错误，避免让错误进入现场并造成代价高昂的现场设计返工。借助全面的建筑设备及管道工程解决方案，最大限度地简化应用软件管理。

1.2　Autodesk Revit MEP 与 AutoCAD 的差异

多数用户在使用 Autodesk Revit MEP 之前，都是使用 Autodesk AutoCAD 或者基于其二次开发的工具软件。因此，许多使用 Autodesk AutoCAD 形成的习惯和对于其概念的定义，早已被用户广泛接受。但由于 Autodesk Revit MEP 与 Autodesk AutoCAD 的软件设计理念截然不同，刚开始使用 Autodesk Revit MEP 的用户往往习惯于用使用 Autodesk AutoCAD 的思维模式去理解 Autodesk Revit MEP 软件，这会在某种程度上影响用户对于 Autodesk Revit MEP 的学习与掌握。

因此，在学习 Autodesk Revit MEP 的具体功能之前，用户很有必要从整体上比较两款软件的异同。通过了解两者在一些概念上的差异，从而掌握在处理实际问题中使用的不同思路和方法。

表 1-1 罗列了两款软件在理念与设计思路上的差异，以供参考。

表 1-1　两款软件在理念与设计思路上的差异

	Autodesk AutoCAD	Autodesk Revit MEP
软件理念与设计思路	Autodesk AutoCAD 是一款 CAD 绘图软件。主要功能是电子绘图板，尽管其也具有三维建模功能，但在建筑行业的常规用途为二维图纸的绘制。与传统绘制图纸的流程相似，绘图过程中需要使用专业知识将真实世界中的三维几何形体，用二维点线面的方式表现出来	Autodesk Revit MEP 是一款 BIM 软件。其通过建立三维建筑信息模型的方式表达设计师的设计意图，用类似于搭积木的方法将 BIM 参数化的建筑对象组合成为建筑模型，还可以使用计算分析工具辅助优化设计，最后根据视图的设置生成平立剖等视图、图纸和各类表单

从以上的对比可以看出，从 CAD 软件到 BIM 软件，不仅是软件工具的变化，同时也是设计师工作流的变化。即从原先的绘图工作流，转变为建模工作流；同时，从单个设计师独立绘图，转变为设计师团队协同建模。

除此之外，两者以下方面的差异也值得用户的注意，如表 1-2 所示。

表 1-2　两款软件的详细差异

	Autodesk AutoCAD	Autodesk Revit MEP
图层与类别	通过图层控制可见性及显示样式,用户需要自行管理图元所属的图层	没有图层的概念,而使用"类别"管理对象的显示样式(通过"对象样式"设置)。 在建模过程中,用户不需要也不能够为特定图元指定新的类别。对于系统族来说,用户不可编辑其类别;而对于构件族,用户可以在编辑族时为其指定一个类别,但在使用过程中一般不应该改变其类别。 用户需要忘记 AutoCAD 里图层的概念,转而使用"对象样式"和"图形/可见性替换"功能控制对象的显示样式和可见性设置。其特点归纳如下: (1)不用为图元指定类别,因为其为默认且不能修改; (2)从对每个图形对象的定义,转变为对图元中各部分的定义。 对象样式中有层级结构,例如:用户可以定义"管道"类别的显示方式,也可以为其子类别"保温层"或者"内衬"予以不同的显示方式。 显示方式的控制不再是全局的,而是基于视图的,用户可以使用"图形/可见性替换"功能为每张视图替换显示方式
单位	绘图的对象主要是点线面以及实体等,文件中主要使用公制或者英制的长度单位。 针对不同比例的图纸,用户在绘制之前需要根据其在最终图纸上显示的大小,选择合适的绝对长度来绘制	通过"项目参数"设置各类参数所使用的单位,其不仅包括几何体使用的长度、面积、体积单位,还包括暖通、给排水以及电气专业中使用的各种与设计相关的物理参数的相关单位。 同时,Autodesk Revit MEP 的参数驱动特点可以让用户通过修改图元属性的方式,来驱动其几何形体或者物理特性的变化

3

续表 1 - 2

	Autodesk AutoCAD	Autodesk Revit MEP
打印	在打印时映射线粗和线色	支持所见即所得,即打印效果与显示效果完全相同,且支持打印为 PDF 格式文件。 通过"对象样式"设置某个类别图元以及其中各子类别的线宽、线色和线形图案,也可以在每个视图中重新指定个别或者所有的图元以其他方式显示打印。 设置的线宽为打印后的实际宽度,与图纸比例自动联动。通过调整视图比例,图纸图框中的比例属性会自动调整,打印时不需要额外的设置。 此外,每个视图只能被放在一张图纸中,避免重复出图
链接与 xrefs	xrefs 支持文件之间的相互链接引用。可以同时打开 xrefs 文件和主文件	链接与 xrefs 功能类似。链接文件的刷新可以在主文件中完成,但一个 Revit 不能同时打开链接文件和主文件
图块与族	对于文件中需要重复使用的图元,可以通过制作成图块的方式重用	族是可以被参数驱动的图元。在保持整体一致的前提下,通过修改部分参数,族的形体或属性在每个实例之间都可以不同。 族可以有类型参数以及实例参数。类型参数是指该参数对于同类型的所有图源都是相同的,实例参数是指同一类型的图元仍然按实例有所不同的参数。 族可以包含多个类型,而根据每个类型创建出来的族实例,既可以完全相同,又可以因为各自的实例参数不同,具有独特的形体或特性
界面	支持在功能区点击命令和命令行直接输入命令的功能	除了功能区、属性栏之外,还提供了项目浏览器和系统浏览器。 项目浏览器包含了对于视图、图纸、图例、明细表、族、组、Revit 链接等的查看与管理功能。 系统浏览器提供了对于水暖电系统(即 MEP 图元之间的逻辑连接)的查看与管理功能,同时还可以查看与管理空间和分区

1.3 Autodesk Revit MEP 2016 界面

Autodesk Revit MEP 2016 采用 Ribbon 界面,用户可以针对操作需求,快速简便地找到相应的功能,如图 1 - 1 所示。

图 1-1

1. 功能区

(1) 单击功能区中按钮 ，可以最小化功能区，扩大绘图区域的面积。最小化行为将循环使用下列最小化选项，如图 1-2 所示。

图 1-2

(2) 鼠标点击功能区面板下部灰色区域，如图 1-3 所示，可以拖拽该面板放置到 Revit MEP 界面中的任何位置。通过选择按钮，可以让该面板回到原来的位置。

单击右下角的对话框启动器箭头，可打开相应对话框。例如，单击"HVAC"面板右下角的对话框启动器箭头，可打开"机械设置"对话框，如图 1-4 所示。

图 1-3

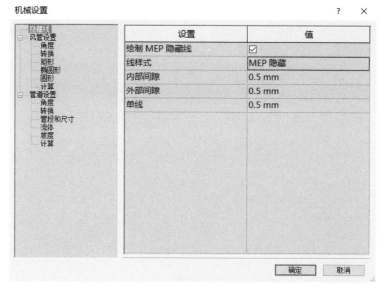

图 1-4

（3）如果按钮的底部或右侧部分有箭头，表示面板可以展开，显示更多工具或选项。

（4）上下文选项卡：当执行某些命令或选择图元时，在功能区会出现某个特殊的上下文选项卡，该选项卡包含的工具集仅与对应命令的上下文关联。

（5）选项栏：大多数情况下，上下文选项卡同选项栏同时出现、退出。选项栏的内容根据当前命令或选择图元变化而变化。

例如，单击功能区中"常用"→"风管"，则出现与风管相关联的上下文选项卡"修改|放置风管"、工具集及选项栏"修改|放置风管"，如图 1-5 所示。

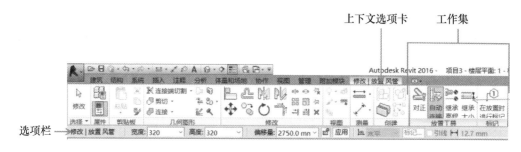

图 1-5

（6）功能区工具提示：当鼠标光标停留在功能区的某个工具上时，默认情况下，Revit MEP 会显示工具提示，对该工具进行简要说明。若光标在该功能区上停留的时间较长些，会显示附加信息，如图 1-6 所示。

2.应用程序菜单

单击 ![icon] 按钮,展开应用程序菜单,如图1-7所示。

图1-6   图1-7

3.快速访问工具栏

快速访问工具栏默认放置了一些常用的命令和按钮,如图1-8所示。

图1-8

单击"自定义快速访问工具栏"下拉按钮,如图1-9所示,查看工具栏中的命令,勾选或取消勾选以显示命令或隐藏命令。要向"快速访问工具栏"中添加命令,可右击功能区的按钮,单击"添加到快速访问工具栏"。反之,右击"快速访问工具栏"中的按钮,单击"从快速访问工具栏中删除",将该命令从"快速访问工具栏"删除。

🖋 **提示**

用户单击"自定义快速访问工具栏"选项,在弹出的对话框中对命令进行排序、删除,见图1-10。

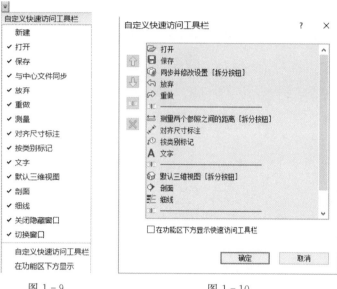

图 1-9   图 1-10

4. 项目浏览器

项目浏览器用于显示当前项目所有视图、明细表、图纸、族、组、链接的 Revit 模型和其他部分的逻辑层次。展开和折叠各分支时，将显示下一层项目。选中某视图右键，打开相关下拉菜单，可以对该视图进行"复制""删除""重命名"等相关操作。

5. 系统浏览器

系统浏览器按照分区或系统显示项目中各个规程的所有构件的层级列表，清晰地列出各系统的组成和关系。

打开系统浏览器的操作方式如下：

(1)单击功能区中"视图"→"用户界面"，勾选"系统浏览器"，如图 1-11 所示。

(2)通过快捷键"F9"直接打开"系统浏览器"。

6. 状态栏

状态栏位于 Revit MEP 应用程序框架底部。使用当前命令时，状态栏左侧会显示相关的一些技巧或者提示。例如，启动一个命令，状态栏会显示有关当前命令的后续操作的提示。例如，图元或构件被选中高亮显示时，状态栏会显示族和类型的名称。

状态栏右侧的内容有：

(1)工作集：提供对工作共享项目的"工作集"对话框的快速访问。

(2)设计选项：提供对"设计选项"对话框的快速访问。设计完某个项目的大部分内容后，使用设计选项开发项目的备选设计方案。例如，可使用设计选项根据项目范围中的修改进行调整、查阅其他设计，便于用户演示变化部分。

(3)单击和拖拽：允许用户单击并拖动图元，而无需先选择该图元。

(4)过滤器：显示选择的图元数并优化在视图中选择的图元类别。

要隐藏状态栏或者状态栏中的工作集、设计选项时，可单击功能区中"视图"→"用户界面"，在"用户界面"下拉菜单中清除相关的勾选标记即可，如图 1-11 所示。

7. 属性

Revit MEP 默认将"属性"对话框显示在界面左侧。通过"属性"对话框，可以查看和修改用来定义 Revit 中图元属性的参数,如图 1-12 所示。

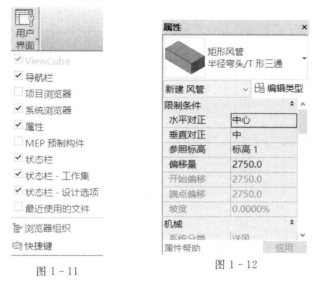

图 1-11   图 1-12

启动"属性"对话框可有以下三种方式:

①单击功能区中"视图"→"用户界面",在"用户界面"下拉菜单中勾选"属性"。

②在绘图区域空白处,右键并单击"属性"。

③也可使用快捷键"Ctrl+1"或"PP"。

(1)类型选择器:标识当前选择的族类型,并提供一个可以从中选择其他类型的下拉列表。例如风管族,在"类型选择器"中会显示当前的风管族类型为"矩形风管:半径弯头/T 形三通",在下拉菜单中显示出所有类型的风管,如图 1-13 所示。操作时,可通过"类型选择器"指定或替换图元类型。

🖋 提示

为了节省界面空间,"属性"对话框不会一直处于打开状态。为了使"类型选择器"在"属性"选项板关闭时也可以使用,右键"类型选择器",可以把它添加"快速访问工具栏"或者功能区的"修改|放置风管"选项卡上。

(2)属性过滤器:用来标识所选多个图元的数量,或者是即将放置或所选单个图元的类别和数量,如图 1-14 所示。

(3)实例属性:标识项目当前视图属性,或标识所选图元的实例参数,如图 1-15 所示。

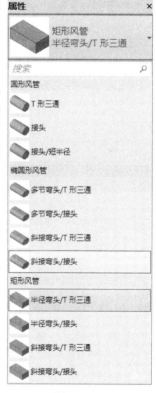

图 1-13

所选图元实例属性

图 1-14   图 1-15

（4）类型属性：标识所选图元的类型参数。

进入"类型属性"对话框有以下两种方式：

①单击"属性"对话框中的"编辑类型"。

②选择图元，单击功能区中"类型属性"按钮。

8.视图控制栏

视图控制栏位于 Revit MEP 窗口底部、状态栏上方，如图 1-16 所示，通过视图控制栏，可以快速访问影响当前视图的功能。

1:100

图 1-16

视图控制栏上的命令从左至右分别是：比例；详细程度；视觉样式；打开日光/关闭日光/日光设置；打开阴影/关闭阴影；显示渲染对话框（仅 3D 视图显示该按钮）；打开裁剪视图/关闭裁剪视图；显示裁剪区域/隐藏裁剪区域；保存方向并锁定视图/解锁视图（仅 3D 视图显示该按钮）；临时隐藏/隔离；显示隐藏的图元。

 提示

用户可选择"比例"中"自定义"按钮，自定义当前视图的比例，但不能将此自定义比例应用于该项目中的其他视图。

第2章 Revit MEP 的项目创建

2.1 基本术语和文件格式

2.1.1 基本术语

1.项目

在 Revit MEP 中,项目是单个设计信息数据库模型。这些信息包括用于设计模型的构件(如门、窗、管道、设备等)、项目视图和设计图纸。通过使用单个项目文件,用户可以轻松地对设计进行修改,修改将同步反应在所有关联区域(如平面视图、立面视图、剖面视图、明细表等)中,方便项目管理。

2.图元

Revit MEP 包含三种图元,即模型图元、视图专用图元和基准图元。

(1)模型图元:代表建筑的实际三维几何图形,如风管、机械设备等。Revit MEP 按照类别、族和类型对模型图元进行分级。

(2)视图专用图元:只显示在放置这些图元的视图中,可帮助对模型进行描述或归档,如尺寸标注、标记和二维详图。

(3)基准图元:协助定义项目范围,如轴网、标高和参照平面。

①轴网:有限平面,可以在立面视图中拖拽其范围,使其不与标高线相交。轴网可以是直线,也可以是弧线。

②标高:无限水平平面,用作屋顶、楼板和天花板等以层为主体的图元的参照。标高大多用于定义建筑内的垂直高度或楼层。要放置标高,必须处于剖面或立面视图中。

③参照平面:是精确定位、绘制轮廓线条等的重要辅助工具。参照平面对于族的创建非常重要,有二维参照平面及三维参照平面,其中三维参照平面显示在概念设计环境(公制体量.rft)中。在项目中,参照平面能出现在各楼层平面中,在三维视图中不显示。

Revit MEP 图元的最大特点就是参数化。参数化是 Revit MEP 实现协调、修改和管理功能的基础,它大大提高了设计的灵活性。Revit MEP 图元可以由用户直接创建或者修改,无需进行编程。

3.类别

类别是用于对设计建模或归档的一组图元。Revit 通过对象类别进行细分管理。例如,模型图元类别包括墙、楼梯、楼板等;注释类别包括门窗标记、尺寸标注、轴网、文字等。

4.族

某一类别中图元的类,是根据参数(属性)集的共用、使用上的相同和图形表示的相似来对图元进行分组。一个族中不同图元的部分或全部属性可能有不同的值,但是属性的设置(其名称与含义)是相同的。例如,冷水机组作为一个族可以有不同的尺寸和冷量。

5.类型

族可以有多个类型。类型用于表示同一族的不同参数(属性)值。例如,"屋顶离心风机"族,根据不同的风量在这个族内创建了多个类型。

6.实例

实例是放置在项目中的实际(单个图元),其在建筑(模型实例)或图纸(注释实例)中都有特定的位置。

2.1.2 文件格式

Revit MEP 常用的文件格式有以下四种:

(1)rvt。

格式:项目文件格式。

(2)rte。

格式:项目样板格式。

(3)rfa。

格式:族文件格式。

(4)rft。

格式:族样板文件格式。

2.2 新建项目文件

1.新建项目

新建项目的操作方式如下:

单击"应用程序菜单"按钮→"新建"→"项目",打开"新建项目"对话框,如图 2-1 所示,如选择"机械样板"文件后,单击"确定",至此一个项目创建完成。

图 2-1

2.链接模型

在项目信息设置后,接下来需要将结构、MEP 模型链接到项目文件中。

单击功能区中"插入"→"链接 Revit",打开"导入/链接 RVT"对话框,如图 2-2 所示,选择要链接的 MEP 模型,并在"定位"一栏中选择"自动-原点到原点",单击右下方的"打开"按钮,结构模型就链接到了项目文件中。

图 2-2

2.3 组织及结构

按照视图或图纸的属性值对项目浏览器中的视图和图纸进行组织、排序和过滤,便于用户管理视图和图纸,并能快速有效地查看、编辑相关的工作视图和图纸视图组织,如图 2-3 所示。

右键单击"项目浏览器"中的"视图",单击"浏览器组织",打开"浏览器组织"对话框,如图 2-4 所示。

图 2-3

图 2-4

在"项目浏览器"下的"视图组织"是系统族。在打开的"类型属性"对话框中,用户可以在"类型"下拉菜单中选择"专业""全部""类型/规程"等类型,也可以通过"复制"及"重命名"新建一个类型,并对"实例属性"下的"文件夹"和"过滤器"进行自定义设置。单击"文件夹"或"过滤器"右侧的"编辑"按钮,都可以打开"浏览器组织属性"对话框。

"成组和排序"选项:通过设置不同的成组条件、排序方式等自定义项目视图和图纸的组织结构。例如,把第一成组条件设置为"子规程",第二成组条件为"族与类型",第三成组条件不定义,把"视图名称"作为排序方式且设置为升序排列,可在项目浏览器下得到视图组织结构,如图 2-5 所示。

"过滤"选项卡:通过设置过滤条件确定所显示的视图和图纸的数量。例如,按照"子规程"及"族与类型"两个条件来过滤出所显示的视图,如图 2-6 所示。

图 2-5　　　　　　　　　　　　　　　　图 2-6

2.4　视图设置

可以通过以下两种方式对视图属性进行设置：

（1）单击当前视图,右键"属性",在"属性"对话框中可对"图形"、"标识数据"、"视图范围"及"阶段"下的各个参数进行设置,该设置仅对当前视图起作用,如图 2-7、图 2-8 所示。

图 2-7　　　　　　　　　　　　　　　　图 2-8

（2）在"视图样板"中对视图属性参数进行统一编辑后，再应用到各个相关视图。

视图样本是视图属性的集合，视图比例、规程、详细程度等都包含在视图样本中。Revit MEP提供了多个视图样板，用户可以直接使用，或者基于这些样本创建自己的视图样板，设置完成后可以通过"传递项目标准"在多个项目间共用。用户可在视图样板中对这些公共参数进行设置，完成后应用到各个相关视图。

设置和应用默认视图样板的步骤如下：

①单击功能区中"视图"→"视图样板"→"管理视图样板"，在打开的"视图样板"对话框中进行设置，如图2-9、图2-10所示。

图2-9

图2-10

②在"显示类型"下拉列表中选择"全部"，显示所有默认视图样板，选择要设置的默认视图样板，并在右侧的"视图属性"列表中进行设置，设置完成后单击"确定"关闭对话框。

③单击功能区中"视图"→"视图样板"→"将样板属性应用于当前视图"，选择一个视图样板应用到当前视图。也可以切换到某一视图，在其"属性"中选择一种视图样板作为"默认视图样板"，如图2-11所示。

2.4.1 可见性设置

可见性设置是针对不同专业的设计需求，对视图中的"模型类别"、"注释类别"、"导入的类别"、"过滤器"和"revit链接"等可

图2-11

见性、投影/表面线、截面填充图案、透明、半色调及假面等显示效果进行设置。

(1)可见性：设置图元在视图上的可见性，如图2-12所示。

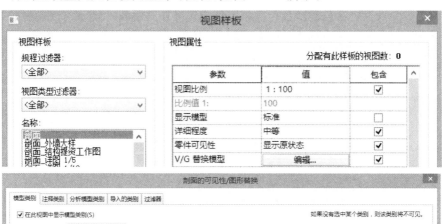

图2-12

(2)投影/表面线：对视图图元的投影/表面线颜色、宽度、填充图案进行设置，如图2-13所示。

图2-13

16

（3）半色调：使图元的线颜色同视图的背景颜色融合。

（4）透明度：只显示图元线而不显示表面线。

（5）详细程度：设置该视图中的某类图元是按照粗略、中等或精细程度显示。当在"剖面的可见性/图形替换"对话框中设置完成后，无论状态栏下的详细程度如何设定，都以该视图的"剖面的可见性"为主。

2.4.2　视图范围

每个楼层平面和天花板平面视图都具有"视图范围"，该属性也可称为可见范围。视图范围是可以控制视图中对象的可见性和外观的一组水平平面。

在"视图样板"对话框中单击"视图范围"，打开"视图范围"对话框，如图2-14所示。

图2-14

"视图范围"对话框中包含"主要范围"中的"顶"、"剖切面"、"底"和"视图深度"中的"标高"。

（1）顶：设置主要范围的上边界的标高。根据标高和距此标高的偏移定义上边界。图元根据其对象样式的定义进行显示，高于偏移值的图元不显示。

（2）剖切面：设置平面视图中图元的剖切高度，使低于该剖切面的构件以投影显示，而与该剖切面相交的其他构件显示为截面。显示为截面的建筑构件包括墙、屋顶、天花板、楼板和楼梯。剖切面不会截断构件。

（3）底：设置主要范围下边界的标高。如果将其设置为"标高之下"，则必须指定"偏移量的值"，且必须将"视图深度"设置为低于该值的标高。

（4）标高："视图深度"是主要范围之外的附加平面。可以设置视图深度的标高，以显示位于底裁剪平面下面的图元。默认情况下，该标高与底部重合。

2.4.3　启动视图

单击功能区中"管理"→"启动视图"，在打开的"启动视图"对话框中，可以自定义用Revit MEP打开项目模型时的默认视图，如果采用工作共享，同步到中心文件后，在本地打开该项目模型时的默认视图都是已经定义的启动视图。

2.5　项目设置

2.5.1　项目信息

单击功能区中"管理"→"项目信息"，在打开的"项目属性"对话框中输入相关项目信息，如图2-15所示。

图 2-15

(1)在"项目属性"对话框中,编辑在"其他"组别下的各个参数,例如"项目状态""项目地址"等,可用于图纸上的标题栏中。

(2)在"项目属性"对话框的"能量分析"组别下,单击"能量设置"参数右边的"编辑"按钮,打开"能量设置"对话框,如图 2-16 所示,对"通用""详图模型""能量模型""能量模型-建筑设备"下的参数进行编辑,这些参数同负荷计算及导出 gbXML 关联。

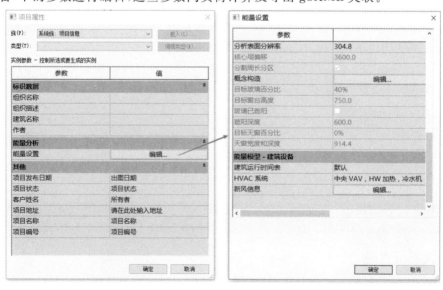

图 2-16

2.5.2 项目参数

项目参数是定义后添加到项目的参数。项目参数仅应用于当前项目,不出现在标记中,可以应用于明细表中的字段选择。

单击功能区中"管理"→"项目参数",在"项目参数"对话框中,用户可以添加新的项目参数、修改项目样板中已经提供的项目参数或删除不需要的项目参数,如图2-17所示。

图2-17

单击"添加"或"修改",在打开的"参数属性"对话框中进行编辑,如图2-18所示。

图2-18

①名称:输入添加的项目参数名称,软件不支持划线。

②规程:定义项目参数的规程。

③参数类型:指定参数的类型。

④参数分组方式:定义参数的组别。

⑤实例/类型:指定项目参数属于"实例"或"类型"。

⑥类别:决定要应用此参数的图元类别,可多选。

2.5.3　项目单位

项目单位用于指定项目中各类参数单位的显示格式。项目单位的设置直接影响明细表、报告及打印等输出数据。

单击功能区中"管理"→"项目单位",打开"项目单位"对话框,按照不同的规程设置,如图2-19所示。

图 2-19

2.5.4　文字

项目中有两种文字,一种是在"注释"面板下的文字,是二维的系统族;另一种是在"设计"面板下的模型文字,是基于工作平面的三维图元。

(1)文字:写在二维视图上的文字,属于系统族。

①添加文字:单击功能区"注释"→"文字",功能区的最右侧会出现相关的文字工具集,可以添加直线引线、弧线引线或者多根引线,还能编辑引线位置、编辑文字格式及查找替换功能。对于英文单词,还可以进行拼写检查,如图2-20所示。

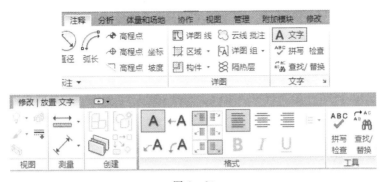

图 2-20

②文字属性：单击功能区"注释"→"文字"面板标题右下方的按钮，在弹出的"类型属性"中，对文字的颜色、字体、大小等进行编辑，如图 2-21 所示。

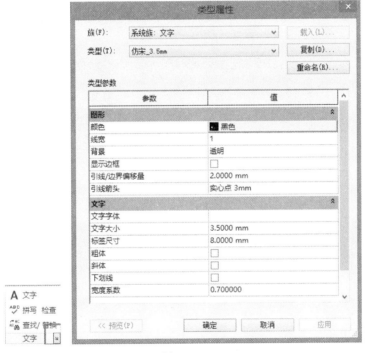

图 2-21

(2)模型文字：基于工作平面的三维图元，用于建筑结构上的标志或字母。

单击功能区中"设计"→"模型文字"，在弹出的"编辑文字"对话框中输入文字，放置其到需要的平面上，如图 2-22 所示。

图 2-22

2.5.5 标记

标记是用于在图纸上识别图元的注释,与标记相关联的属性会显示在明细表中。

在"标记"面板标题的下拉菜单中,单击"载入的标记符号",如图2-23所示。

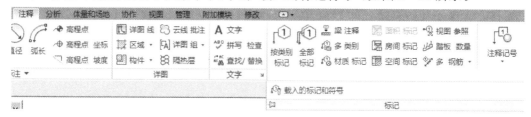

图2-23

打开"载入的标记和符号"对话框,对话框中列出了不同的族类别和所有的关联标记。在"载入的标记和符号"对话框中可以查看已载入的标记,项目不同,已载入默认的标记也不同。用户也可以通过右侧的"载入族"按钮,载入当前项目所需的新的标记,如图2-24所示。

图2-24

同一个图元类别可以有多个标记,用户可以选择其中一个作为图元的默认标记。

单功能区"注释"→"标记",在面板上包含了"按类别标记""全部标记""多类别""材质标记"等命令,如图2-25所示。

图2-25

(1)按类别标记:按照不同的类别对图元进行标记。

(2)全部标记:对视图中未被标记的图元统一标记。单击"全部标记"后,打开"标记所有未标记的对象"的对话框,可以选择是标记在"当前视图中的所有对象"还是"仅当前视图中所选对象"或者"包括链接文件中的图元",选定后再选择一个或者多个标记类别,通过一次操作可以标记不同类型的图元。

（3）多类别：对当前视图中未标记的不同类别的图元标记共有的信息，选择"多类别"后，逐个点击当前视图中所需标记的图元即可。

（4）材质标记：可以标识用于图元或图元层的材质类型。例如，对墙体的各层材质进行标记。

2.5.6 尺寸标注

尺寸标注是项目中显示距离和尺寸的视图专用图元。

1.各类尺寸标注

单击功能区中的"尺寸标注"，可以看到有"对齐""线性""角度""径向""直径""弧长""高程点""高程点 坐标""高程点 坡度"等不同的尺寸标注选择，如图2-26所示。

图2-26

（1）对齐：放置在两个或两个以上平行参照点之间。

（2）线性：放置在选定点之间，尺寸标注一定是水平或垂直的。

（3）角度：标注两线间的角度。

（4）径向：标注圆形图元或者弧度墙半径。

（5）弧长：可以对弧形图元进行尺寸标注，获得弧形图元的总长度。标注时，要先选择所需标注的弧，然后选择弧的两个端点，最后将光标向上移离弧形图元。

（6）高程点：显示选定点或者图元的顶部、底部或者顶部和底部高程，可将其放置在平面、立面和三维视图中。

（7）高程点 坐标：高程点坐标会报告项目中点的"北/南"和"东/西"坐标。除坐标外，还可以显示选定点的高程和指示器文字。

（8）高程点 坡度：显示模型图元的面或者边上的特定点处的坡度，可在平面视图、立面视图和剖面视图中放置。

2.尺寸标注编辑

（1）属性编辑：点击尺寸标注，在相关的"实例属性"和"类型属性"对话框中对其引线、文字、标注字符串类型等参数值进行编辑，例如，线性尺寸标注样式，如图2-27所示。

（2）锁定：单击某个尺寸标注，在标注下方会出现一个锁定控制柄。单击锁可以锁定或者解锁尺寸标注。锁定后，不能对尺寸标注进行修改，需要解锁才能修改。

（3）替换尺寸标注文字：单击已标注的尺寸值，打开"尺寸标注文字"对话框，可以在永久性尺寸标注的上方、下方、左侧或者右侧添加补充文字，或者用文字替换现有的尺寸标注值。

图 2－27

2.5.7 对象样式

对象样式为项目中的模型对象、注释对象、分析模型对象和导入对象的不同类别和子类别指定线宽、线颜色、线型图案及材质。单击功能区"管理"→"对象样式",打开"对象样式"对话框,如图 2－28 所示。

图 2－28

1.线宽

单击功能区中"管理"→"其他设置"→"线宽",打开"线宽"对话框,在"线宽"对话框中,可以对模型线宽、透视视图线宽或注释线宽进行编辑,如图2-29所示。

图 2-29

(1)模型线宽:指定正交视图中模型构件的线宽,随视图的比例大小变化。

(2)透视视图线宽:指定透视视图中模型构件的线宽。

(3)注释线宽:用于控制注释对象。

2.线颜色

对各类不同图元设置不同的颜色。

3.线型图案

单击功能区中"管理"→"其他设置"→"线型图案",在打开的"线型图案"对话框中,可新建线型图案,也可以对现有线型图案进行编辑、删除及重命名,如图2-30所示。

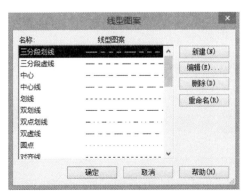

图 2-30

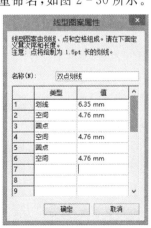

图 2-31

单击"新建"按钮,在打开的"线型图案属性"对话框中用划线、点、空间编辑新的线型图案。例如,双点划线,见图2-31。

4.材质

材质不仅用于定义模型图元在视图和渲染图像中的外观,还提供说明信息和结构信息。用户既可以使用提供的材质,也可以自定义材质。单击功能区中"管理"→"材质",如图2-32所示。

图2-32

在打开的"材质"对话框中,左侧列表中包含了软件提供的所有材质的名称,搜索工具,新建、重命名、删除及清除未使用项,材质显示形式及属性按钮。右侧则是同属性关联的材质编辑器,如图2-33所示。

图2-33

(1)搜索栏:不仅可以在栏中输入材质关键字进行搜索,也可以在"材质类"中,根据不同的材质类型进行过滤分类。

(2)材料列表:列出了软件现有的材质。

(3)复制、重命名、删除及清除未使用项。

①复制:用于创建新材质。

②重命名:修改现有材质的名称。

③删除:删除某材质。

④清除未使用项：可以清理列表中未使用的材质名称，便于管理及简化项目。

（4）视图组织结构：显示列表、显示小图标、显示大图标，后两种显示能够更加直观地查看材质，如图 2 - 34 所示。

（5）材料编辑器：包含了标识、图形、外观及结构的材质属性。单击"属性"按钮可以选择显示或者关闭右侧的对话框。

①标识：在"标识"选项栏可以编辑各类标识参数，如"材质类""说明""制造商"等，输入各类标识参数信息后，可以利用这些信息搜索材质或制作材质明细表，如图 2 - 35 所示。

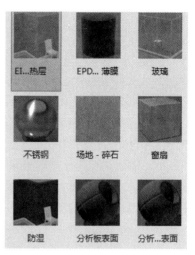

图 2 - 34

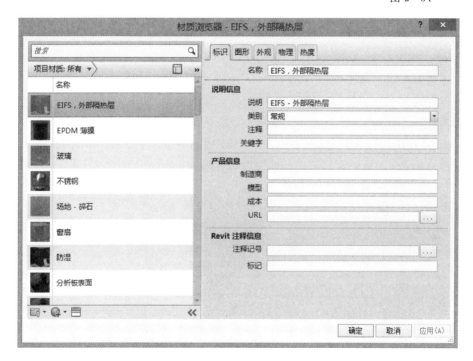

图 2 - 35

②图形：定义某个材质的显示属性，即材质外表面和截面在其他视图中显示的方式。

③外观：在任何渲染视图中，将材质属性应用于表面所生产的视觉效果。

④结构：显示与选定材质有关的结构信息，会在建筑的结构分析中使用。

第3章 建筑给水排水设计

第2章介绍的是基于 Revit MEP 2016 工作流程水暖电各个专业在设计初期必须完成的准备工作。准备工作完成后,就可以分头进行设计了。本章将分三节详细介绍如何应用 Revit MEP 2016 进行建筑给水排水设计。3.1 介绍 Revit MEP 2016 的管道功能,3.2 和 3.3 分别介绍建筑给水排水系统和消防系统的设计,既能通过应用巩固管道功能知识,也可体会不同系统设计的功能特色。

3.1 管道功能

Revit MEP 2016 提供了强大的管道设计功能。利用这些功能,给排水工程师可以方便迅速地布置管路、调整管道尺寸、控制管道显示、进行管道标注和设计。

3.1.1 管道设计参数

本节将着重介绍如何在 Revit MEP 2016 中设置管道设计参数,做好绘制管道的准备工作。合理设置这些参数,可以大大减少后期管路调整的工作,提高设计效率。

1. 管道尺寸

在 Revit MEP 2016 中,通过"机械设置"中的"尺寸"选项查看、添加、删除当前项目文件中的管道尺寸信息。

打开"机械设置"对话框有以下几种方式:

①单击功能区中"管理"→"MEP 设置"→"机械设置",见图 3-1。

图 3-1

②单击功能区中"常用"→"机械",见图 3-2。

③直接键入 MS。

(1)添加/删除管道尺寸。

打开"机械设置"对话框中,单击"管段和尺寸",右侧面板会显示当前项目中使用的管道

图 3 - 2

尺寸列表。在 Revit MEP 2016 中,管道可以通过"材质""连接""明细表/类型"进行设置,"粗糙度"用于管道的沿程损失的水力计算(此处"明细表/类型"中文翻译欠妥,实为"规格/类型")。

图 3 - 3 显示了 PE63 塑料管,规范 GB/T 13663 中压力等级为 0.6Mpa 的管道的公称直径、ID(管道内径)和 OD(管道外径)。单击"新建尺寸"或"删除尺寸"按钮可以添加或删除管道的尺寸。新建管道的公称直径和现有列表中管道的公称直径不允许重复。如果在绘图区域已绘制了某尺寸的管道,选中该尺寸时,"删除尺寸"按钮将灰显,表示暂不能被删除。如果要删除,需要先删除绘图区域该尺寸的管道,"删除尺寸"按钮高亮后方能删除。

图 3 - 3

(2)尺寸应用。

通过勾选"用于尺寸列表"和"用于调整大小"可以定义管道尺寸在项目中的应用。如果勾选某一管道的尺寸的"用于尺寸列表",该尺寸就会出现在管道布局编辑器和"修改|管道"中管道"直径"下拉列表中,在绘制管道时可以直接选用,见图 3 - 4。如果勾选某一管道尺寸的"用于调整大小"选项,该尺寸可以自动应用于软件提供的"调整风管/管道大小"功能中。

图 3 - 4

提示

单击功能区中"管理"→"传递项目标准",勾选相关选项,可以在各个项目文件间进行管道尺寸传递,避免在不同项目中文件多次输入。

2.管道类型

这里说的管道类型是指管道和软管的族类型。管道和软管都属于系统族,无法自行创建,但可以复制、修改和删除族类型。

单击"编辑类型",打开管道"类型属性"对话框,可以对管道类型进行配置,见图 3 - 5。

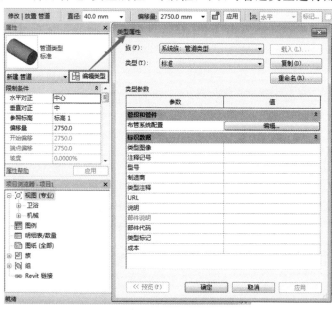

图 3 - 5

（1）使用"复制"命令，可以根据已有管道类型添加新的管道类型。

（2）"管段和管件"下列了"布管系统配置"，在
"布管系统配置"中的管件类型，如 T 型三通、接头、
交叉线（四通）过渡件、活接头和法兰，将在绘制管
道时自动添加。通过单击右侧的"编辑"按钮选取
当前项目中已加载的该类性管件的族，图 3－6 为
配置弯头。未出现在"布管系统配置"对话框中的
管件类型，如 Y 型三通、斜四通等，则需要手动添
加到管路中。

（3）"机械"分组下定义了管道属性参数，如"粗
糙度"、"材质"、"连接类型"和"类别"，这些参数和
先前提到的"机械设置"对话框中"管道设置"→"尺
寸"中的参数相对应。其中，"连接类型"对应"连
接"，"类别"对应"明细表/类型"。

图 3－6

3．流体设计参数

除了定义管道的各种设计参数外，在 Revit
MEP 2016 中还能对管道中流体的设计参数进行设置，提供管道水力计算依据。在"机械设
置"对话框中，通过单击右侧面板可以添加或者删除流体，还能对不同温度下的流体进行"动
态粘度"和"密度"设置，见图 3－7。Revit MEP 2016 输入的有"水"、"丙二醇"和"乙二醇"三
中流体。和"尺寸"选项中的"新建尺寸"和"删除尺寸"类似，可通过"新建温度"和"删除温
度"对流体设计参数进行编辑。

图 3－7

3.1.2 管线绘制

本节主要介绍管道占位符和管道的绘制，以及管道管件和附件的使用。

1.管道占位符

管道占位符用于管道的单线显示，不自动生成管件。管道占位符与管道可以相互转换。

在项目初期可以绘制管道占位符代替管道,以提高软件的运行速度。管道占位符支持碰撞检查功能,不发生碰撞的管道占位符转换成的管道也不会发生碰撞。

在平面视图、立面视图、剖面视图和三维视图中均可绘制管道占位符。

(1)进入管道占位符的方式。

进入管道占位符绘制模式有以下几种方式:

①单击功能区中"系统"→"管道占位符",见图3-8。

图3-8

②选中绘图区已布置构建族的管道连接件,右击鼠标,单击快捷菜单中的"绘制管道占位符"。

进入管道占位符绘制模式后,"修改|放置管道占位符"选项卡和"修改|放置管道占位符"选项栏同时激活,见图3-9。

图3-9

(2)手动绘制管道占位符。

按照以下步骤手动绘制管道占位符:

①选择管道占位符所代表的管道类型。在管道"属性"对话框中选择管道类型。

②选择管道占位符所代表的管道尺寸。单击"修改|放置管道占位符"选项栏上"直径"的下拉按钮,选择在"机械设置"中设定的管道尺寸。如果在下拉列表中没有需要的尺寸,需要在"机械设置"中添加。

③制定管道占位符偏移。默认"偏移量"是指管道占位符所代表的管道中心线相对于当前平面标高的距离。在"偏移量"选项中单击下拉按钮,可以选择项目中已经用到的管道偏移量,也可以直接输入自定义的偏移量数值,默认单位为毫米。

④制定管道占位符的放置方法。默认勾选"自动连接",可以选择是否勾选"继承大小"

和"继承高程"。放置方法详见本小节的"3.基本管道绘制"中"(4)指定管道放置方式"。注意,管道占位符代表管道中心线,所以在绘制时不能定义"对正"方式。

⑤指定管道占位符的起点和终点。将鼠标移至绘图区域,单击鼠标指定起点,移动至终点位置再次单击,完成一段管道占位符的绘制。可以继续移动鼠标绘制下一管段。绘制完成后,按"Esc"键或者右击鼠标,单击快捷菜单中的"取消",退出管道占位符绘制命令。

2.管道占位符与管道的转换

管道占位符和管道可以相互转换。选择需要转换的管道占位符,激活"修改|管道占位符"选项栏,可以对在管道的"属性"对话框中选择所需要转换的管道类型;通过单击"修改|管道占位符"选项栏上的"直径"的下拉按钮,选择管道尺寸,如果在下拉列表中没有需要的尺寸,可以在"机械设置"中添加;单击"转换占位符",即可将管道占位符转换为管道,见图3-10。

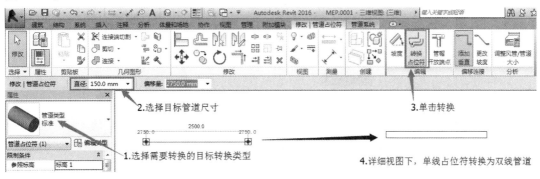

图 3-10

3.基本管道绘制

在平面视图、立面视图、剖面视图和三维视图中均可绘制管道。进入管道绘制模式有以下方式:

①单击功能区中"系统"→"管道",见图 3-11。

图 3-11

②选中绘图区已布置构件族的管道连接件,右击鼠标,单击快捷菜单中的"绘制管道"。

③直接键入 PI。

进入管道绘制模式后,"修改|放置管道"选项卡和"修改|放置管道"选项栏被同时激活。

按照以下步骤手动绘制管道:

(1)选择管道类型。

在管道"属性"对话框中选择需要绘制的管道类型,见图3-12。

图 3-12

（2）选择管道尺寸。

单击"修改|放指管道"选项栏上"直径"下拉按钮，选择在"机械设置"中设定的管道尺寸。也可以直接输入欲绘制的管道尺寸，如果在下拉列表中没有该尺寸，可以从列表中自动选择和输入该尺寸最接近的管道尺寸。

（3）指定管道偏移。

默认"偏移量"是指管道中心线相对于当前平面标高的距离。定义管道"对正"方式后，"偏移量"指定的距离含义将发生变化，详见本节"（4）指定管道放置方式"的①"对正"中"垂直对正"。在"偏移量"选项中单击下拉按钮，可以选择项目中已经用到的管道偏移量，也可以直接输入自定义的偏移量数值，默认单位为毫米。

（4）指定管道放置方式。

进入管道绘制模式，在激活的"修改|放置管道"选项卡可以看到放置工具选项，见图 3-13。

图 3-13

①对正。在平面视图和三维视图中绘制管道时，可以通过"对正"功能来指定管道对齐的方式。此功能在立面和剖面视图中不可用。单击"对正"，打开"对正设置"对话框，见图 3-14。

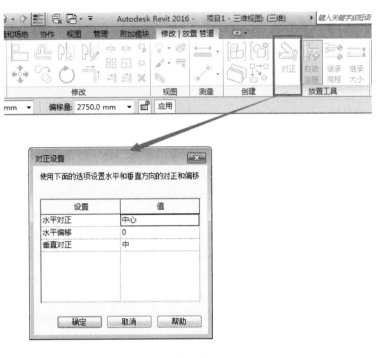

图 3-14

a. 水平对正:"水平对正"用来指定当前视图下相邻管段之间水平对齐方式。"水平对正"方式有:"中心"、"左"和"右"。其中,"左"和"右"是根据管道绘制的方向来界定的。见图3-15。

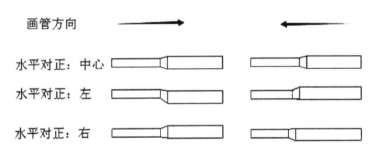

图 3-15

b. 水平偏移:"水平偏移"用于指定管道绘制起始点位置与实际管道绘制位置之间的偏移距离。该功能多用于指定管道和墙体等参考图元之间的水平偏移距离。

c. 垂直对正:"垂直对正"方式有"中""底""顶"三种。"垂直对正"的设置会影响管道中心高度。当"垂直对正"为"底"时,此时预设"偏移量"数值为管底到当前标高的偏移,此时管道中心高度为偏移量加管道半径;"垂直对正"为"中"时,偏移量维持预设偏移量;"垂直对正"为"顶"时,预设"偏移量"为管顶到当前标高的偏移,此时管道中心高度为偏移量减管道半径。

②自动连接。在"修改|放置管道"选项卡中的"自动连接"命令用于某一段管道开始或结束时自动捕捉相交管道,并添加管件完成连接,见图3-16,默认情况下,这一选项勾选。

图 3 - 16

当勾选"自动连接"时,在两管段相交位置自动生成四通,如图 3 - 17(a)所示;如果不勾选则不生成管件,如图 3 - 17(b)所示。

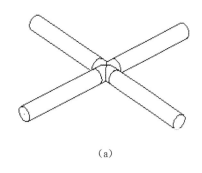

(a)

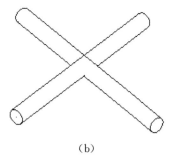

(b)

图 3 - 17

③继承高程和继承大小。利用这两个功能,绘制管道的时候可以自动继承捕捉到的图元的高程、大小。

在默认情况下,这两项是不勾选。如果勾选"继承高程",新绘制的管道将继承与其连接的管道或设备连接件的高程。如果勾选"继承大小",新绘制的管道将继承与其连接的管道或设备连接接件的尺寸。

(5)指定管道起点和终点。

将鼠标移至绘图区域,单击即可指定管道起点,移动至终点位置再次单击,完成一段管道的绘制。可以继续移动鼠标绘制下一管段,管段将根据管路布局自动添加在"类型属性"对话框中预设好的管件。绘制完成后,按"Esc"键或者右击鼠标选择"取消",退出管道绘制命令。

4. 坡度设置

在 Revit MEP 2016 中,可以在绘制管道的同时指定坡度,也可以在管道绘制结束后再进行管道坡度的编辑。

(1)设置标准坡度。

在"机械设置"的对话框中,可以预先定义在项目中使用的管道坡度值,见图 3 - 18。预定义的坡度将出现在"坡度值"的下拉列表中,见图 3 - 19。

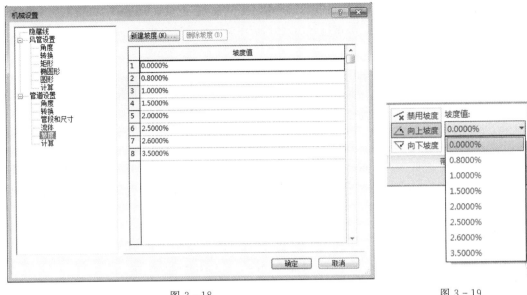

图 3 - 18图 3 - 19

（2）直接绘制坡度。

进入绘制管道模式后，使用"修改|放置管道"选项栏上的"带坡度管道"中的命令，可以方便地绘制坡度管道，见图 3 - 20。

图 3 - 20

如果选择"显示坡度工具提示"选项，在绘制坡度管道的同时，绘图区域会显示相关信息，帮助准确定义管道坡度，见图 3 - 21。

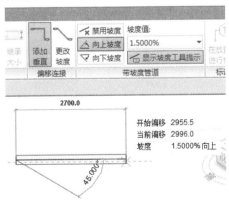

图 3 - 21

（3）编辑管道坡度。

编辑管道坡度有以下三种方法：

①选中某管段,单击并修改其起点和终点标高来获得管道坡度,见图3-22。

②图3-22中,当管段上的坡度符号出现时,可以单击该符号直接修改坡度值,见图3-23。

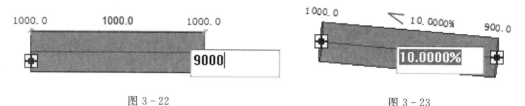

图3-22   图3-23

③选中某管段,单击功能区中"修改|管道"选项卡中的"坡度",激活"坡度编辑器"选项卡和"坡度编辑器"选项栏,见图3-24。通过选择"坡度值"列表来设置坡度大小,通过选择"坡度控制点"来调整坡度方向。对于坡度管,进入"坡度编辑器"后,只能修改坡度的大小,不能修改坡度方向,此时"坡度控制点"为灰显。

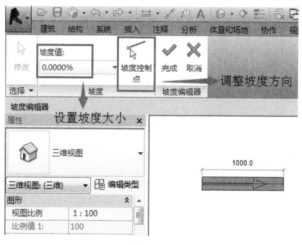

图3-24

5.平行管道

平行管道的绘制是指根据已有的管道,绘制出与其水平或者垂直方向平行的管道,但不能直接绘制若干平行管道。通过制定"水平数""水平偏移"等参数来控制平行管道的绘制,其中"水平数"和"垂直数"包含已有管道。

6.管件的放置

管路中包含大量连接管道的管件。下面将介绍绘制管道时管件的放置方法。

在平面视图、立面视图、剖面视图和三维视图都可以放置管件。放置管件有两种方法,即自动添加和手动添加。

(1)自动添加。在绘制管道过程中自动加载的管件需在管道"类型属性"对话框中指定。部件类型是弯头、T型三通、接管垂直、接管可调、四通、过渡件、活头或法兰的管件,才能被自动加载。详见前述的"管道类型"部分。

(2)手动添加。进入"修改|放置管件"模式,可采取以下方式手动放置管件:

①单击功能区中"系统"→"管件",见图3-25。

图 3 - 25

②在项目浏览器中,展开"族"→"管件",直接拖拽"管件"下的管件到绘图区域。

7.管路附件放置

在平面视图、立面视图、剖面视图和三维视图中均可放置管路附件。管路附件需要手动添加。

进入"修改|放置管路附件"模式,可采取以下方式手动放置管路附件:

①单击功能区中"系统"→"管路附件",见图 3 - 26。

图 3 - 26

②在项目浏览器中,展开"族"→"管路附件",直接拖拽"管路附件"下的管路附件到绘图区域。

管路附件的部件类型不同,在绘图区域中添加管路附件到管道中的效果也不同。

部件类型为"插入"、"阀门插入"或"嵌入式传感器":将管路附件放置在管道上方,等到出现中心捕捉时,单击鼠标放置管路附近,管路附近将打断管道并插入管道中,见图 3 - 27。

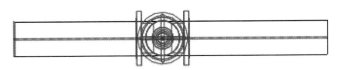

图 3 - 27

部件类型为"标准"、"附着到"、"阀门法线"、" 传感器"或"收头":将管路附件放置在管道的连接件上,等到出现中心捕捉时,单击鼠标放置管路附件,管路附件将连接到管道一端。

8.软管绘制

在平面视图和三维视图中可绘制软管。

(1)绘制软管。

进入软管绘制模式有以下方式:

①单击功能区中"系统"→"软管",见图 3 - 28。

图 3 - 28

②选中绘图区已布置构件族的管道连接件,右击鼠标,单击快捷菜单中的"绘制软管"。

进入软管绘制模式后,"修改|放置软管"选项卡和"修改|放置软管"选项栏被同时激活,见图3-29。

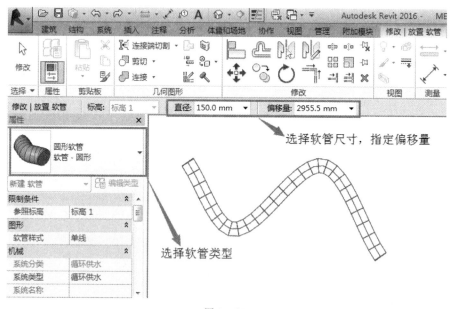

图3-29

接着按照以下步骤来绘制软管:

①选择软管类型。在软管"属性"对话框中选择所需要绘制的软管类型,见图3-29。

②选择软管管径。单击功能区中"修改|放置软管"选项栏上"直径"右侧下拉按钮,选择软管尺寸。也可以直接输入欲绘制的软管尺寸,如果在下拉列表中没有该尺寸,系统将从列表中自动选择和输入尺寸最接近的软管尺寸。

③指定软件偏移。默认"偏移量"是指软管中心线相对于当前平面标高的距离。在"偏移量"选项中单击下拉按钮,可以选择项目中已经用到的软管偏移量,也可以直接输入自定义的偏移量数值,默认单位为毫米。

④指定软管起点和终点。在绘图区域中,单击指定软管的起点,沿着软管的路径在每个拐点单击鼠标,最后在软管终点单击"Esc"键或右击鼠标选择"取消"。如果软管的终点是连接到某一管道或某一设备的管道连接件,可以直接单击所要连接的连接件,以结束软管绘制。

(2)修改软管。

在软管上拖拽两端连接件、顶点和切点,可以调整软管路径,见图3-30。

①连接件 ➕:出现在软管的两端,允许重新定位。

②顶点 ⬭:沿软管的走向分布,允许修改软管的拐点。在软管上单击鼠标右键,在快捷菜单中可以"插入顶点"或"删除顶点"。使用顶点可在平面视图中以水平方向修改软管的形状,在剖面视图或立面视图中以垂直方向修改软管的形状。

③切点 ◯:出现在软管的起点和终点,允许调整软管的首个和末个拐点处的连接方向。

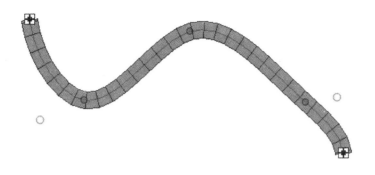

图 3 - 30

9.设备接管

设备的管道连接件可以连接管道和软管。连接管道和软管的方法类似,本节将以为马桶管道连接件接管道为例,介绍设备接管的四种方法。

(1)单击马桶,右击其排水管道连接件,单击快捷键菜单中的"绘制管道"。

📝 **技巧**

从连接绘制管道时,按"空格"键,可自动根据连接件的尺寸和高程调整绘制管道的尺寸和高程。

直接拖动已绘制的管道到相应的马桶管道连接件,管道将自动捕捉马桶上的管道连接件,完成连接,见图 3 - 31。

(2)使用"连接到"功能为马桶连接管道,可以便捷地完成设备连管,见图 3 - 32。

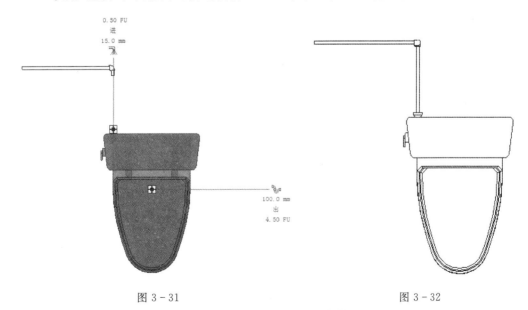

图 3 - 31   图 3 - 32

①将抽水马桶放置到指定位置,并绘制欲连接的冷水管。

②选中抽水马桶,并单击选项卡中的"连接到"。

③选择冷水连接件,单击已绘制的管道。

④完成连管。

提示

使用"连接到"功能时,从连接件连出的管道默认将与目标管道的最近端点进行连接。绘制目标管道的时候应注意连接件的位置。

(3)选中马桶,单击出现的连接件图标,见图3-33,可以根据默认的连接件管径和标高绘制相应的管道。

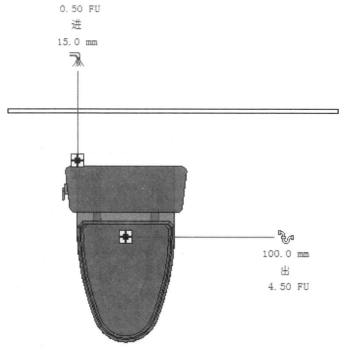

图3-33

技巧

快速地判定设备连管是否成功。单击"分析"→"显示隔离开关",见图3-34,勾选上"管道",通过图标⚠来判断设备是否接好,见图3-35,马桶的冷水管已接好,而排水管尚未接好。

图 3 - 34

10. 管道的隔热层

Revit MEP 2016 可以表达管道层。在 Revit MEP 2016 中，管道隔热层作为一个独立的图元存在。

添加管道隔热层可按以下步骤进行：

①选中欲添加隔热层的管路，可包含管件，单击"修改|选择多个"选项卡下的"添加隔热层"，见图 3 - 36。

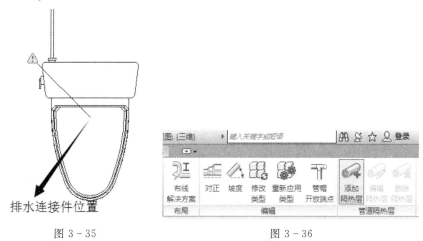

排水连接件位置

图 3 - 35   图 3 - 36

②选择管道隔热层的类型并指定隔热层的厚度，见图 3 - 37。

③单击"确定"，管道和管件的隔热层都添加完毕，见图 3 - 38。

图 3 - 37   图 3 - 38

（1）编辑和删除隔热层。

进入"修改|管道隔热层"选项卡，可以"编辑隔热层"或"删除隔热层"，见图 3 - 39。

（2）隔热层的设置。

Revit MEP 2016 将管道隔热层作为系统族添加到项目中。打开项目浏览器，可以查看和编辑当前项目中管道隔热层类型，见图 3 - 40。

图 3 - 39   图 3 - 40

右击管道隔热层的任一类型，可以对当前类型进行编辑。

①复制：可以添加一种隔热层类型。

②删除：删除当前隔热层类型。如果当前隔热层类型是隔热层下的唯一类型，则该隔热层类型不能删除，软件会自动弹出一个错误报告，见图 3 - 41。

图 3 - 41

③重命名：可以重新定义当前隔热层类型名称。选择全部实例，可以选择项目中属于隔

热层类型的所有实例。

④类型属性：单击类型属性，打开管道隔热层"类型属性"对话框，见图3-42，可以对该隔热层类型进行个性化设置。

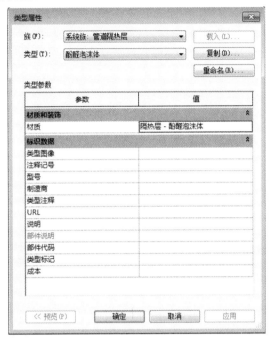

图3-42

⑤材质：设置当前管道隔热层的材质。

⑥标示数据：用于添加管道隔热层的标识，便于过滤和制作明细表。

3.1.3 管道显示

在Revit MEP 2016中，可以通过很多方式来控制管道的显示，以满足不同的设计和出图需求。

1.视图详细程度

Revit MEP 2016的视图可以设置三种详细程度：粗略、中等和精细，视图控制栏见图3-43。

图3-43

在粗略和中等详细程度下，管道默认为单线显示，在精细视图下，管道默认为双线显示，管道在三种详细程度下的显示不能自定义修改，必须使用软件默认设置。在创建管件和管路附近等相关族的时候，应注意配合管道显示特性，尽量使管件和管路附件在粗略和中等详细程度下单线显示，精细视图下双线显示，确保管路看其起来协调一致。

2.可见性/图形替换

单击功能区中"视图"→"可见性/图形替换",或者通过快捷键 VG 或 VV 打开当前视图的"可见性/图形替换"对话框。

（1）模型类别。

管道可见性在"模型类别"选项卡中可以设置。既可以控制整个管道族类别的显示,也可以控制管道族的子类别的显示。勾选表示可见,不勾选表示不可见。设置见图 3-44,表示管道子类别"升""降""中心线"都可见。

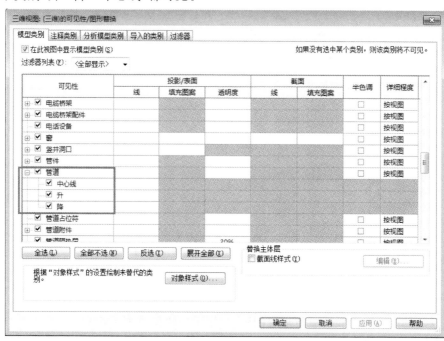

图 3-44

"模型类别"选项卡中右侧的"详细程度"选项还可以控制管道族在当前视图显示的详细程度,默认情况下为"按视图",遵守"粗略和中等管道单线显示,精细管道双线显示"的原则。也可以设置为"粗略"、"中等"或"精细",这时候,管道的显示将不依据当前视图详细程度的变化而变化,而始终依据所选择的详细程度。

（2）过滤器。

对于当前视图上的管道、管件和管路附件等,如需要依据某些原则进行隐藏或区别显示,那么可以使用"过滤器"功能,见图 3-45。这一方法在分系统显示管路上用得很多。

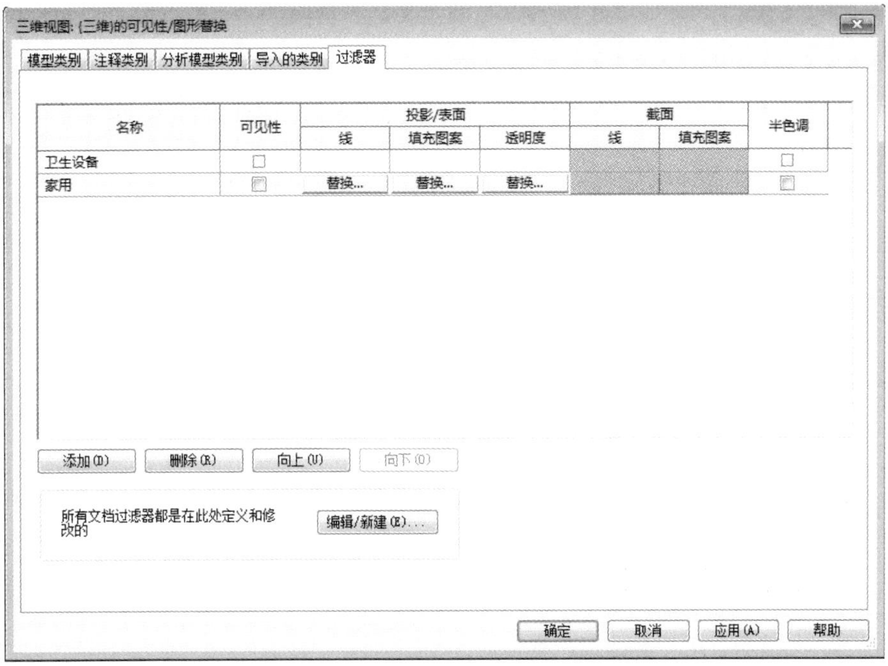

图 3 - 45

对于"楼层平面:1 机械"视图,项目样板文件已经设定了两个过滤器:"家用"和"卫生设备"。预设的过滤器都是依据管道的系统分类来设置的。

单击"编辑/新建"按钮,打开"过滤器"对话框,见图 3 - 46,可以新建或编辑"过滤器"。"过滤器"能针对一个或多个族类别,"过滤条件"可以是系统自带的参数,也可以是创建项目参数或者共享参数。

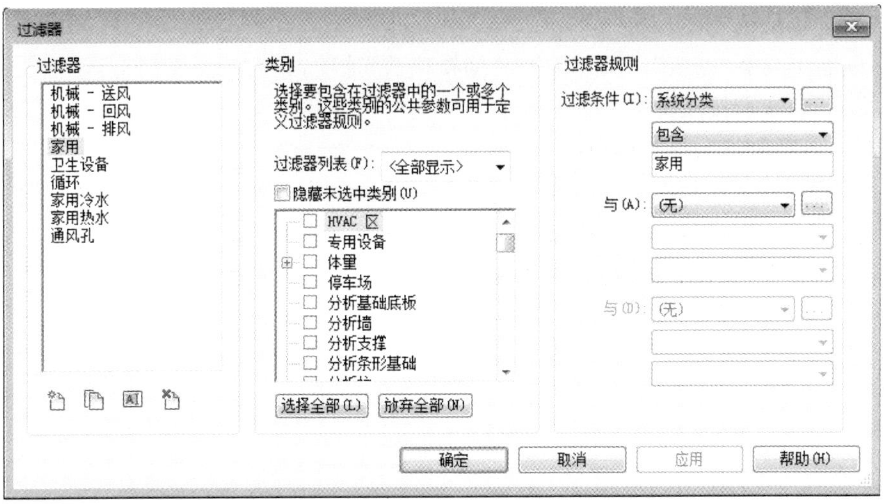

图 3 - 46

3. 管道图例

对于平面视图中的管道,可以根据管道的某一参数进行着色,帮助用户分析系统。

(1)创建管道图例。

单击功能区中"分析"→"管道图例",见图3-47,拖拽至绘图区域,单击鼠标确定放置绘制后,选择颜色方案,如"管道颜色填充-尺寸",Revit MEP 2016将根据管道尺寸给当前视图中的管道配色。

图3-47

(2)编辑管道图例。

选中已添加的图例,激活功能区"编辑方案"命令,单击"编辑方案",打开"编辑颜色方案"对话框,见图3-48。单击"颜色"下拉条,可以看到很多管道属性中的参数,这些参数值都可以作为管道配色依据。

对话框右上角有"按值"、"按范围"和"编辑格式"选项,它们的意义如下:

①"按值"意味着按照所选参数的数值来作为管道颜色方案条目,例如材料,可设定铜管为某一颜色,不锈钢管为另一颜色。

②"按范围"意味着对于所选参数设定一定的范围来作为颜色方案条目,例如速度,小于1.2m/s的管道设定为某一颜色;速度介于1.2m/s～2.5m/s设定为另一颜色。

③"按范围"右侧的"编辑格式"按钮可以定义范围数值的单位。

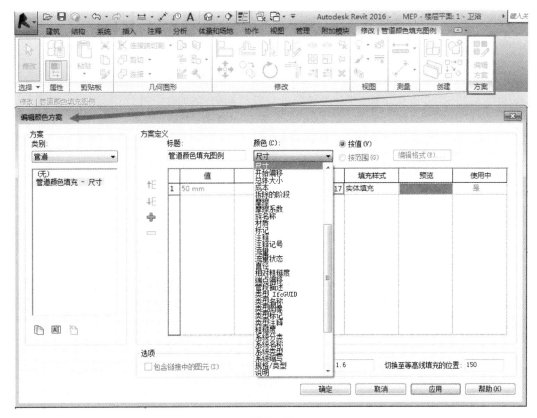

图 3-48

3.1.4 管道标注

管道的标注在设计过程中是必不可少的。本节将介绍如何在 Revit MEP 2016 中进行管道的各种标注,包括尺寸标注、编号标注、标高标注和坡度标注。

管道尺寸和管道编号是通过注释符号族来标注,在平面图、立面图和剖面图中可用。而管道标高和坡度则是通过尺寸标注系统族来标注,在平面图、立面图、剖面图和三维视图中均可用。

1.尺寸标注

(1)基本操作。

Revit MEP 2016 中自带的管道注释符号族"管道尺寸标记"可以用来进行管道尺寸标注,有以下两种方式:

①管道绘制的同时进行管径标注。进入绘制管道模式后,单击功能区中"修改│放置管道"→"在放置时进行标记",见图 3-49。

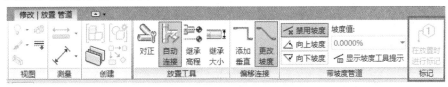

图 3-49

绘制出的管道将会自动完成管径标注。

②管道绘制后再进行管径标注。单击"注释"选项卡中的"标记"下拉菜单中的"载入的标记和符号",就能查看到当前项目文件中加载的所有的标记族。当某个族类别下加载有多个标记族时,排在第一位的标记族为默认的标记族。当单击"按类别标记"后,Revit MEP 2016 将默认使用"管道尺寸标记"对管道族进行管径标记,见图 3-50。

图 3-50

单击功能区中"注释"→"按类别标记",鼠标移至待标注的管道上。小范围移动鼠标可以选择标注出现在管道上方还是下方,确定注释位置后,单击即完成管径标注。

(2)标记修改。

在标记完成后,Revit MEP 2016 还提供以下功能方便修改标记。

①"水平""垂直"可以控制标记是水平还是竖直放置,"水平"和"垂直"都是绝对意义上的,和管道水平与否无关,见图 3-51。

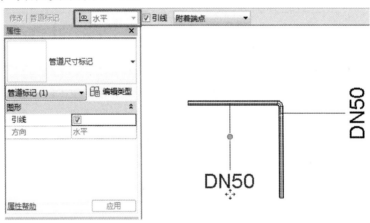

图 3-51

实际在绘图中,管径标注一般和管道保持平行,对于这个需求该如何实现呢?在创建标记族的时候,勾选"随构件旋转"即可,见图 3-52。

②可以通过勾选"引线",选择"引线"可见还是不可见。

③在勾选"引线"可见时,可选择引线为"附着端点"或者"自由端点"。"附着端点"时,引线的一个端点固定在被标记图元上,"自由端点"时,引线两个端点都不固定,可进行调整。

2.编号标注

在管道设计中,往往要对立管和引入管(排出管)进行编号。在 Revit MEP 2016 中对管道进行编号的基本思路就是利用注释符号族来引用管道的"注释"。在标注之前,先对相关管道进行手动注释,然后进行标注。

(1)立管编号。

先创建新的注释符号族,通过选择图元属性中"注释"作为新注释符号族中的标签来实现,步骤如下:

①新建"族",选择"注释"文件夹下的"公制常规标记"为族的样板文件。

②设定"族类别和组参数"。创建的标记是用来标记管道的,因此选择"管道标记"。如果是用来标记管件的,则应选择"管件标记",保持和被标记族的族类别一致。

③单击功能区中"创建"→"标签",单击绘图区,在"编辑标签"对话框中将"注释"参数添加到标签,见图3-53。

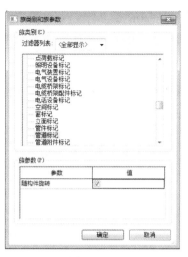

图 3-52

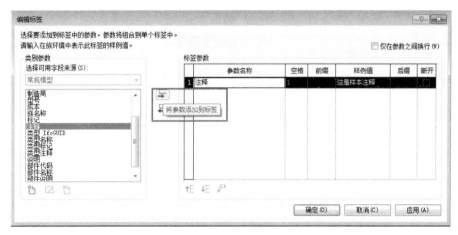

图 3-53

④将标签"这是样本注释"中心移至参照平面的交点,见图3-54,并删除样板文件中自带的"注意事项"等文字。

————————这是样本注释————

图 3-54

⑤将创建完成的新的注释符号族载入到项目环境中,创建管道相应的明细表,在明细表中为需要注释的立管输入管道注释。

⑥单击功能区中"注释"→"全部标记",在打开的"标记所有未标记的对象"对话框中单击选择刚载入的管道标记,然后单击"确定",见图 3-55。这样就能方便迅速地对当前视图中的立管进行标注。

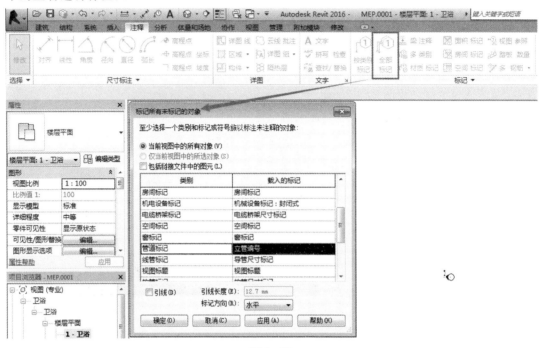

图 3-55

(2)引出(排出)管编号。

引出(排出)管编号,也需要创建新的注释符号族来实现。创建方法同立管编号注释族非常类似,在族编辑器中,绘制如下图样,见图 3-56。选择两个标签,上方为"注释",下方为"标记"。

载入项目环境中,修改欲标注管道"注释"和"标记"参数,见图 3-57。

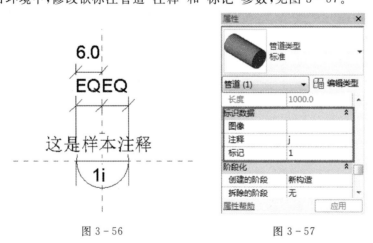

图 3-56   图 3-57

单击"引入管注释",拖至绘图区域管道上方,进行标注即可,见图3-58。

图 3-58

3.标高标注

在 Revit MEP 2016 中,单击功能区中"注释"→"高程点"来标注管道标高,见图3-59。

图 3-59

(1)高程点符号族。

通过高程点族的"类型属性"对话框可以设置多种高程点符号族类型,见图3-60。其中一些参数意义如下:

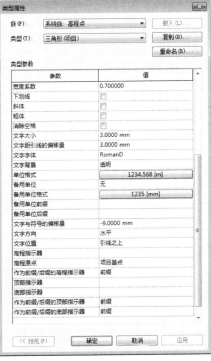

图 3-60

①引线箭头:可选择各种引线端点样式。

②符号:这里将出现所有加载进来的高程点符号族,选择刚载入族即可。

③文字与符的偏移量:默认情况下文字和"符号"左端点之间的距离,数值为正表明文字在"符号"左端点的左侧,数值为负表明文字在"符号"左端点的右侧。

④文字位置:控制文字和引线的相对位置,即"引线之上"、"引线之下"和"嵌入到引线中"。

⑤高程指示器/顶部指示器/底部指示器:允许添加一些文字、字母等,以指示出现的标高是顶部标高或是底部标高。

⑥作为前缀/后缀的高程指示器:可以选择添加的文字、字母是以前缀还是后缀的形式出现在标高中。

(2)平面视图中管道标高。

在平面视图中对管道进行标高标注,需在双线模式即精细视图下进行(在单线模式下不能进行标高标注)。

一根直径为150mm,偏移量为2000mm的管道在平面视图上的标高标注见图3-61。

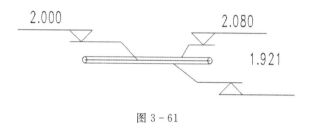

图3-61

从图3-61可看出,标注管道两侧标高时,显示的是管中心标高2.000m。标注管道中线标高时,默认显示的是管顶外侧标高2.080m。单击管道属性查看可知,管道外径为159mm,于是管顶外侧标高为2.000+0.159/2=2.080m。

有没有什么办法显示管底标高(管底外侧标高)呢? 选中标高,调整"显示高程"即可。Revit MEP 2016中提供了"实际(选定)高程"、"顶部高程"、"底部高程"和"顶部高程和底部高程"四种选择,见图3-62。选择"顶部高程和底部高程"后,管顶和管底标高同时被显示出来。

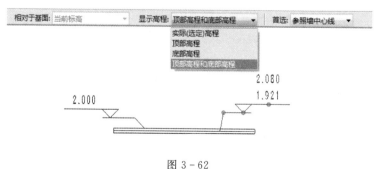

图3-62

下面再看看非水平管道上的管道标高标注。平面视图上非水平管道的标注,见图3-63。通过勾选当前使用的高程点族类型属性中"随构件旋转",同时在"修改高程点"的选项栏中,不勾选"引线"即可实现。

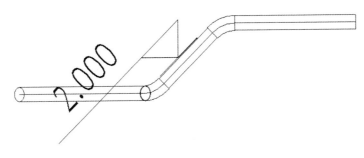

图 3-63

（3）立面视图中管道标高。

和平面视图不同,立面视图在管道单线即粗略、中等的视图情况下也可以进行标高标注,见图3-64,但此时仅能标注管道中心标高。而对于倾斜管道的管道中心标高,见图3-64,斜管上的标高值将随着鼠标在管道中心线上的移动而实时更新变化。

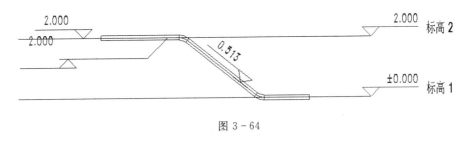

图 3-64

如果在立面视图上标注管顶或者管底标高,则需要将鼠标移动到管道端部,捕捉端点,才能标识管顶或者管底标高,见图 3-65。

立面视图上也可以对管道截面进行管道中心、管顶和管底标注,见图 3-66。

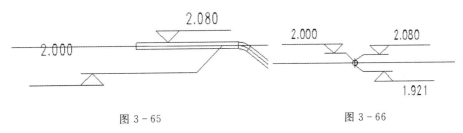

图 3-65   图 3-66

🌾 提示

当对管道截面进行管道标注时,为方便捕捉,建议关闭"可见性/图形替换"中的管道的两个子类别"升""降"。见图 3-67。

（4）剖面视图中管道标高。

剖面视图中管道标高和立面视图中管道标高原则一致。

（5）三维视图中管道标高。

三维视图中,管线单线显示下,标注的为管中心标高;双线显示下,标注的则为所捕捉的

Revit MEP机电管线综合应用

管道位置的实际标高。

4. 坡度标注

在 Revit MEP 2016 中，使用"注释"→"尺寸标注"→"高程点坡度"来标注管道坡度，见图 3-68。

图 3-67　　　　　　　　　　　图 3-68

单击进入"系统族：高程点坡度"，可以看到控制坡度标注的一系列参数，高程点坡度标注和之前介绍的高程点标注非常类似，在此不一一赘述。可能需要修改的是"单位格式"，设置成管道标注时习惯的百分比格式，见图 3-69。

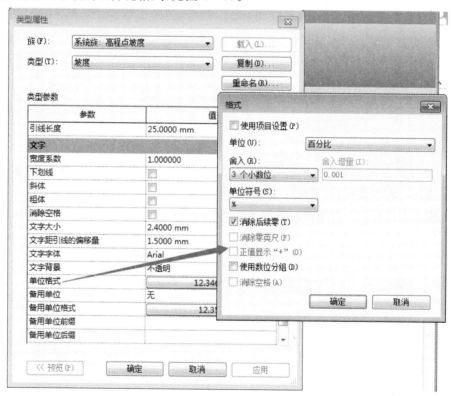

图 3-69

56

选中任一坡度标注,会出现"修改|高程点坡度"的选项栏,见图3-70。

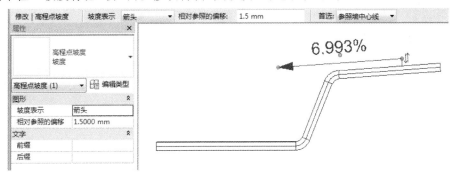

图 3-70

"相对参照的偏移"表示坡度标注线和管道外侧的偏移距离。

"坡度表示"选项仅在立面视图中可选,有"箭头"和"三角形"两种坡度表示方式,见图3-71。

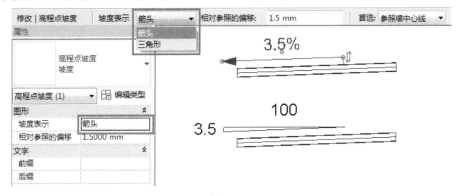

图 3-71

3.1.5 其他

Revit MEP 2016的管道功能除了上面详述的参数、管道绘制、管道显示和管道标注以外,还可以创建"明细表"快捷方便地统计项目文件中所绘制管道属性中的各项参数,运行"碰撞检查"能查找到管道和其他图元在空间上的冲突,利用"调整管道大小"可以根据设定的约束条件自动调整完成系统连接的管道大小。

3.2 建筑给水排水系统

利用Revit MEP 2016,可以在建筑物中精确布置管线,检查管路水力情况并调整管道尺寸,还能迅速统计管路明细表,大大提高了建筑给水排水设计的效率和质量。

本节分7小节介绍如何应用Revit MEP 2016进行建筑给水排水系统设计:

(1)项目准备:包括项目创建、系统选择、载入族和管道配置,见3.2.1。

(2)设备布置:卫生器具和设备布置方法,见3.2.2。

(3)系统创建:家用冷水/家用热水/卫生设备系统创建和系统浏览器应用,见3.2.3。

(4)系统布管:管路的自动生成布局方法和手动绘制技巧,见3.2.4。

(5)系统分析:使用Revit MEP 2016的系统分析计算功能检查管道系统,见3.2.5。

(6)明细表:明细表的创建和使用,见3.2.6。

(7)其他:管道标注、系统图、其他管道系统和碰撞检查,见3.2.7。

3.2.1 项目准备

1.项目创建

根据建筑专业提供的建筑模型创建项目,为文件创建给排水各视图,并对试图进行可见性设置、试图范围设置等。

2.系统选择

本章将选取青立方幼儿园的给水排水设计进行讲解,由于流程和方法类似,居住区域的给水排水设计不再详述。经过初步计算后,针对办公区域的系统选择如下:

给水系统选择:供水区域主要为一至三层的公共卫生间;市政水压、水量满足供水条件,利用城市市政给水管网的水压直接供水。

热水系统选择:采用局部热水供应系统,每个卫生间设置一个电热水器。

排水系统选择:污废分流,伸顶通气。

3.载入族

在进行建筑给水排水系统布置时,要用到相关的构建族。Revit MEP 2016自带大量的与建筑给水排水设计相关的构建族,默认安装的情况下,构建族都存放在以下路径:C\ProgramData\Autodesk\REM2016\Libraries\China。

与建筑给水排水设计相关的构建族的文件夹名称及其子文件夹名称见表3-1。

表3-1　建筑给水排水构建族

文件夹名称	子文件夹名称	所存放的构件族
管道	阀门	按用途分类存放:安全阀、蝶阀、多用途阀、浮标阀、隔膜阀等
	附件	过滤器、空气分流器、温度表、压力表、水表、清扫口、地漏、雨水斗等
	配件	按材料分类存放。其中钢塑复合、PVC－U、钢法兰、PE、不锈钢材料的管件是按照中国规范建的。它们的文件名指出了规范号,如GBT5836、CJT137等
卫浴构件	设备	热水器、连接件(该族可添加在建筑结构的族上)
	装置	卫生器具:洗脸盆、水槽、浴盆、坐便器、蹲便器、小便器等(部分器具当量值需修改) 卫生设备:自动饮水机、洗碗机、洗衣机、应急洗眼器等连接件
机械构件	出水侧构件	泵、水管软化器、水过滤器等

将项目所需的族载入到项目文件中,如管件、附件、阀门、设备等。当项目比较复杂时,需要的族更多。例如给水系统可能用到的水箱、水池等,用户可以根据设计方案需要修改族库中现有的族或创建新的族。

本项目基本都可以使用软件提供的族:

(1)钢塑复合管件、不锈钢管件、PVC－U管件:弯头、三通、变径管、管接头、管帽、清扫口(需另创建)等。

（2）阀门：截止阀、球阀、角阀（需另创建）。

（3）装置：地漏。

（4）设备：电热水器（需修改族库中现有的族）。

4.管道配置

在系统创建前，先进行管道配置非常重要，可减少后续修改的工作量。具体设置方法参见本章"3.1.1管道设计参数"。

（1）分别为冷水、热水和排水系统创建管道类型，见图3-72、图3-73。

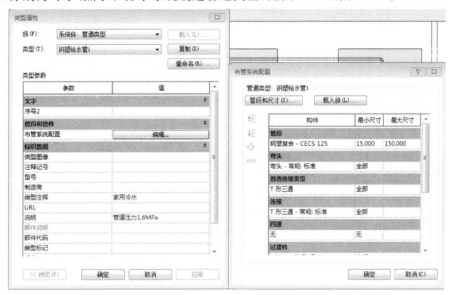

图 3-72

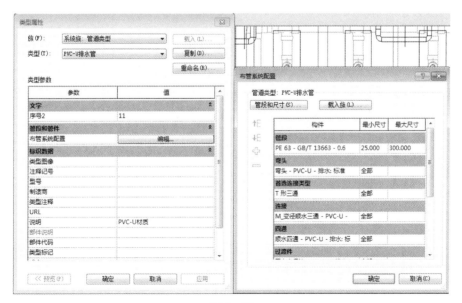

图 3-73

（2）在"管道设置"中分别为冷水、热水和卫生设备（即排水）系统设定管道类型和偏移值，干管设置、支管设置见图3-74。"管道设置"中的管道尺寸符合中国规范要求，可直接使用。

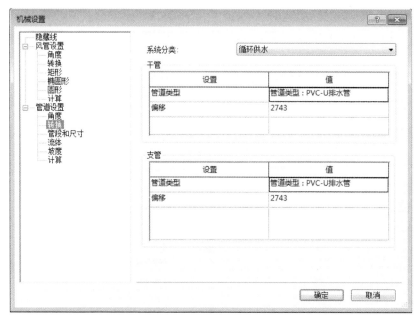

图3-74

3.2.2 设备布置

一般拿到建筑项目图，卫生器具都已布置好了，需要注意的是，如果卫生器具没有连接件，则需要给它们加上连接件或者替换为MEP的族。

放置卫生器具（软件中译为"卫浴装置"）的方法有以下几种：

①单击功能区中"常用"→"卫浴装置"，在"属性"对话框的类型选择器中选择一种卫浴装置，见图3-75，然后放置到绘图区域中。

②在项目浏览器中，展开"族"→"卫浴装置"，将"卫浴装置"下的族直接拖到绘图区域。

有些卫生器具的族是基于面创建的族，在放置到项目中时，需要放置在实体表面上，例如墙面、楼板表面等，这时应先在"放置"面板中选择放置方式，见图3-75。

在放置卫生器具时，按"空格"键可以对它进行90°旋转。对已经放好的卫生器具，单击卫生器具，按"空格"键也可以对它进行90°旋转。

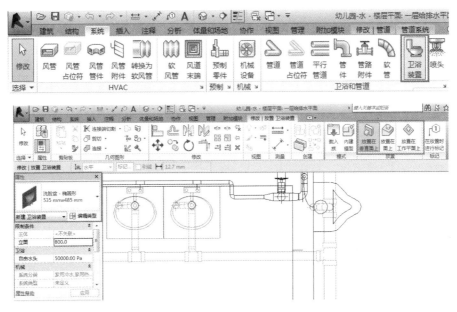

图 3 - 75

在项目中,除了卫生器具,还要布置一些其他给排水设备和附件,例如电热水器和地漏等,其放置方法和卫生器具的放置方法类似,不再赘述。现以图 3 - 76 为例,介绍创建冷水、热水和排水系统的具体步骤和技巧。

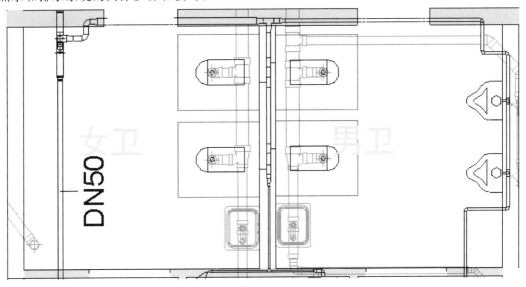

图 3 - 76

3.2.3 系统创建

Revit MEP 2016 通过逻辑连接和物理连接两方面实现建筑给水排水系统的设计。逻辑连接指 Revit MEP 2016 中所规定的设备与设备之间的从属关系。从属关系通过族的连接件进行信息专递,所以设备间的逻辑关系实际上就是连接件之间的逻辑关系。在 Revit

MEP 2016 中,正确设置和使用逻辑关系对于系统的创建和分析起着至关重要的作用。本小节系统创建指的就是设备逻辑关系的创建。Revit MEP 2016 中定义的逻辑关系可概括为下面这幅亲子图,见图3－77。

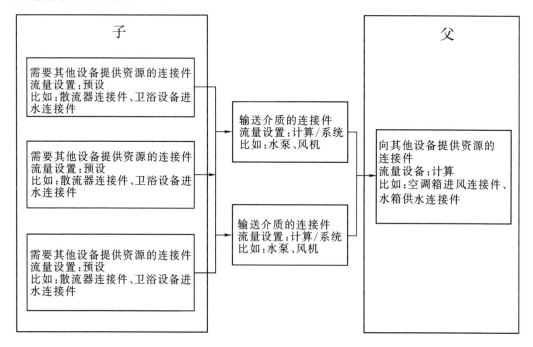

图 3－77

1.逻辑关系特性

(1)创建逻辑系统需要从"子"级设备开始,再将"父"级设备通过"选择设备"命令添加到系统中,见图 3－77。逻辑系统中只允许通过"选择设备"命令指定一个"父"级设备。

(2)所有需要其他设备提供资源/服务的连接件的"流量配置"都要设成"预设",该连接件在系统中处于"子"级。需要特别指出的是,具有相当量值的卫生器具族的"流量配置"应设成"卫浴装置当量",但归根结底它也是一个预设值。

(3)如果系统中有几个设备需要同时承担"父"级的作用,如 A、B 和 C,可将其中任意一个设备 A 通过"选择设备"添加到系统中,然后完成该系统中所有设备的管道连接。再进入"编辑系统"界面,使用"添加到系统"命令将设备 B 和 C 添加到系统中。"父"级设备 A、B、C 相应的连接件的"流量系数",如 A 的流量系数＝(A 设备实际流量/该系统实际流量的总和),A、B 和 C 的流量系数的和等于 1。

2.管道系统

在 Revit MEP 2016 中,管道系统成为一类新的系统族,见图 3－78。管道系统族中预定义了 12 种管道系统分类:"循环供水""循环回水""给水""家用热水""家用冷水""排水管""通气管""湿式消防系统"" 干式消防系统""预作用消防系统""其他消防系统""其他"。

提示

可以基于预定义的多种系统分类来添加新的管道系统类型,如可以添加多个属于"循环供水"分类下的管道系统类型,如冷冻水供水 1 和冷冻水供水 2 等。但不允许定义新管道系统分类,如不能自定义添加一个"燃气供应"系统分类。

右击任一管道系统,可以对当前管道系统进行编辑,见图 3－79。

图 3－78   图 3－79

(1)复制。可以添加与当前系统分类相同的系统。

(2)删除。删除当前系统。如果当前系统是该系统分类下的唯一一个系统,则该系统不能删除,软件键会自动弹出一个错误报告,见图 3－80。如果当前系统类型已经被项目中某个管道系统使用,该系统也不能删除,软件会自动弹出一个错误报告,见图 3－81。

图 3－80

图 3－81

(3)重命名。可以重新定义当前系统名称。

(4)选择全部实例。可以选择项目中所有属于该系统的设备实例。

(5)系统类型属性。图3-82为自定义管道系统"家用热水2"的"类型属性"对话框。以下按照参数分组,逐一介绍。

图3-82

①在"图形"分组下的"图形替换":用于控制管道系统的显示。单击"编辑"后,在弹出的"线图形"对话框中,见图3-83,可以定义管道系统的"宽度"、"颜色"和"填充图案";该设置将应用于属于当前管道系统的图元,除管道外,可能还包括管件、阀门和设备等。

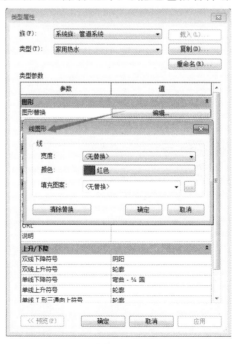

图3-83

64

②"材质和装饰"分组下的"材质":可以选择该系统所采用管道的材料;单击右侧按钮后,弹出材质对话框,可定义管道材质并应用于渲染,见图3-84。

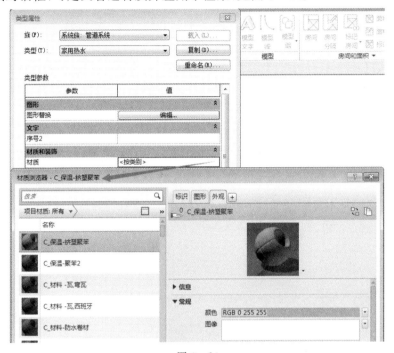

图 3 - 84

③"机械"分组下的参数如下:

a.计算:控制是否对该系统进行计算,"全部"表示流量和压降都计算,"仅流量"表示只计算流量,"无"表示流量和压降都不计算。

b.系统分类:该选项始终灰显,用来获知该系统类型的系统分类。

c.流体类型、流体温度、流体粘度、流体密度:这些参数用来定义流体属性。通过选择类型和温度就能获取相应的粘度和密度。这些流体属性设置和"机械设置"中的"流体"设置相对应。

d.流体转换方法:该参数仅应用于"家用热水""家用冷水"两个系统分类,表明卫浴当量和流量转换的方法,有"主冲洗阀"和"主冲洗箱"两种。

④标识数据:可以为系统添加自定义标识,方便过滤或选择该管道系统。

⑤"上升/下降"分组下的"上升/下降符号":不同的系统类型可定义不同的升降符号。单击"升降符号"相应"值",单击打开"选择符号"对话框,选择所需的符号。在先前的版本中,只能在"机械设置"中"升降"对项目中的所有管道设置统一的升符号和降符号。

🖋 提示

在"机械设置"对话框中,可以对预定义的多种管道系统分类进行干管和支管的"管道类型"和"偏移"的设置,其中"偏移"定义的是管道中心线相对于当前标高的距离。这些设置将用于自动生成管道布局。举例来说,为"循环供水"系统生成布局时,管道将使用族类型为"标准"的管道,且相对于当前绘制平面的标高偏移量为2750mm,见图3-85。

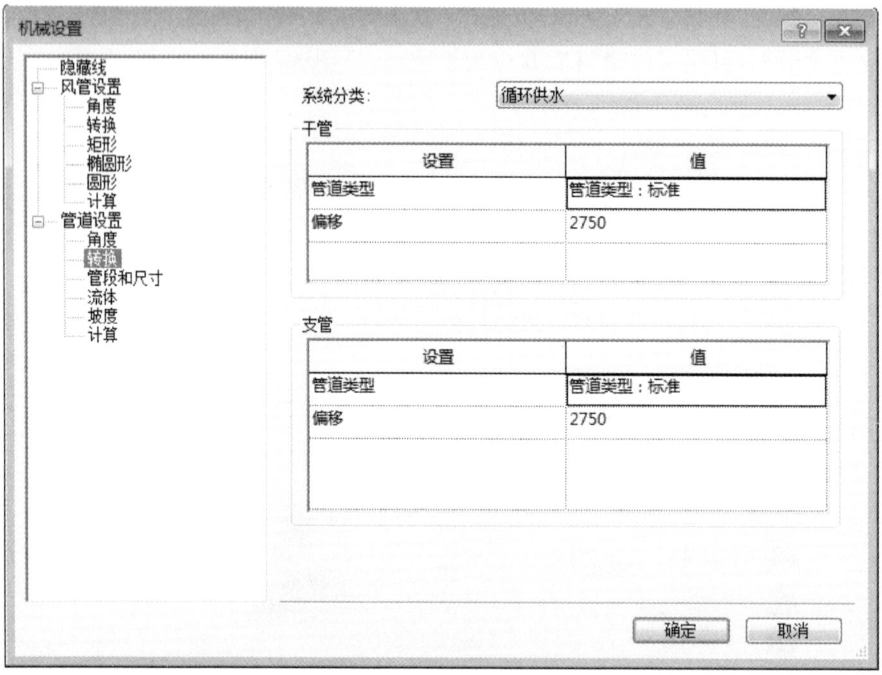

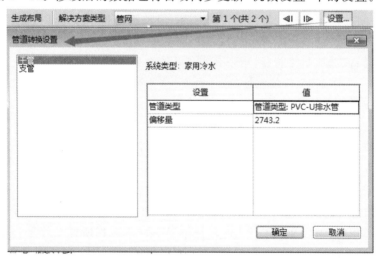

图 3-85

不同系统分类的干管和支管也可以在"生成布局"选项栏中定义,详见本章"3.2.4 系统布管"。在"生成布局"编辑状态下,单击"生成布局"选项栏中的"设置",就可以更改"管道转换设置",见图 3-86。修改后的数据也将自动同步更新"机械设置"中的设置。

图 3-86

✎ 提示

不同的系统分类,"计算"的选项也有所不同。计算功能全面支持的四个系统分类为:"循环供水""循环回水""家用热水""家用冷水",提供"全部"、"仅流量"和"无"三个选项。计算功能部分支持的"卫生设备",提供"仅流量"和"无"两个选项。其他计算功能不支持的系统分类则选项默认为"无",且不可修改。

3.设计实例

下面以卫生间给水系统设计为例,介绍"家用冷水"系统逻辑连接创建步骤。

(1)创建家用冷水系统。

在该楼层,选择一个或选择所有用水卫生器具,功能区会出现"修改|卫浴装置"选项卡,见图3-87。单击"管道",打开"创建管道系统"对话框。单击"系统类型"下拉菜单,选择项目中已经创建的系统类型,在"系统名称"中可以自定义所创建系统的名称,如果勾选"在系统编辑器中打开",可以在创建系统后直接进入系统编辑器。

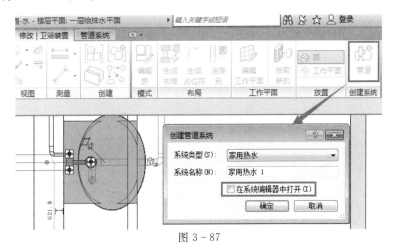

图3-87

提示

单击视图中的任意图元,将显示该图元所有连接件信息。对于风管和管道连接件,将显示系统类型图标、介质进出方向和连接件的大小等(如图3-87所示,卫生器具上显示了冷水和热水管道连接件的当量、进出方向、管径和系统图标),对于电气连接件,将显示负荷分类、视在负荷、电压和级数。

相应连接件在"系统类型"下拉菜单中可选择的系统类型和项目浏览器中"管道系统"下的该系统分类下的系统类型对应。

(2)选择系统设备。

在"系统类型"中选择"家用冷水",单击"确定"进入"修改|管道系统"选项卡,见图3-88。

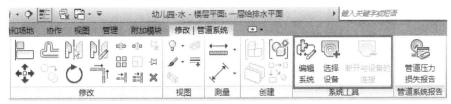

图3-88

其中,"选择设备"命令用来向系统中添加设备,"断开与设备的连接"命令可将选择的设备从系统中断开。在给水系统中,选择的设备是水箱,系统如果不设水箱则无需选择。在热水系统中,选择的设备是热水器、水加热器、锅炉等加热设备。

(3)编辑系统。

①单击图3-88中"编辑系统"命令,进入"编辑管道系统"选项卡,见图3-89。

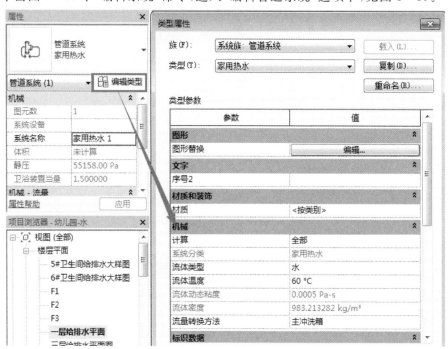

图3-89

如果在图3-87的"创建管道系统"对话框中勾选"在系统编辑器中打开",则将直接打开"编辑管道系统"选项卡。

在"编辑管道系统"选项卡中可进行如下操作:

添加到系统:将其他器具或设备添加到当前系统中。如果系统中包含多个器具,可以通过单击"添加到系统中"选择其他器具添加到该系统中。

从系统中删除:从当前系统删除非"设备"图元。单击"从系统中删除",然后选择需要删除的设备,从系统中删除。

选择设备:为系统添加"设备",系统只能指定一个"设备"。与"管道系统"选项卡中的"选择设备"功能相同。

系统设备:显示系统指定的"设备"。可以通过下拉菜单选择其他设备作为系统的指定"设备"。如果需要删除系统中的"设备",除使用前面讲的"断开与设备的连接"命令外,还可以通过在下拉菜单中选择"无"进行设备删除。

完成编辑系统:完成系统编辑后,单击该命令可退出"编辑管道系统"选项卡。

取消编辑系统:单击该命令取消当前编辑操作并退出"编辑管道系统"选项卡。

此外,在管道系统"属性"对话框中,还可以自定义当前系统的"系统名称"。单击"编辑类型",打开"类型属性"对话框,可对系统的更多属性进行定义,如计算方法、流体类型、流体温度和流量转换方法等。"流量转换方法"分"主冲洗阀"和"主冲洗箱"两种。Revit MEP 2016使用2006国际管道铺设规范(IPC)的表E103.3(3)中的值,执行卫浴装置当量与流量的常规转换。选择的"流量转换方法"可确定 IPC 表中用于转换的部分。结构流量用于计算管道调整的大小。更多管道系统属性的介绍请参见本小节的"2.管道系统"。

🖋 提示

　如果要重新编辑器具或设备的管道系统,则选中该图元,功能区出现"管道系统"选项卡,见图 3-90,这时如果该器具或设备隶属于多个系统,则应先在"系统选择器"中选择要编辑的系统,然后单击"编辑系统",打开"编辑管道系统"选项卡。

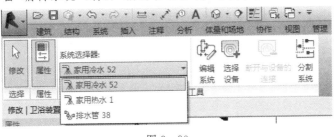

图 3-90

　②本实例中两个卫生间的器具比较多,为了在应用 Revit MEP 2016 的自动"生成布局"功能时,有效产生布局方案,可先分别为男女卫生间创建"家用冷水"系统。当完成两个卫生间管道布置(物理连接)后,再修改它们的逻辑连接,将它们建立在一个"家用冷水"系统中。

　使用同样方法,依次创建该层其他冷水、热水和排水系统。

(4)系统浏览器。

①创建好的逻辑系统,可以通过系统浏览器进行检查,有以下几种方法打开系统浏览器:

a. 按"F9"键打开系统浏览器。

b. 单击功能区中"视图"→"用户界面",勾选"系统浏览器",见图 3-91。

图 3-91

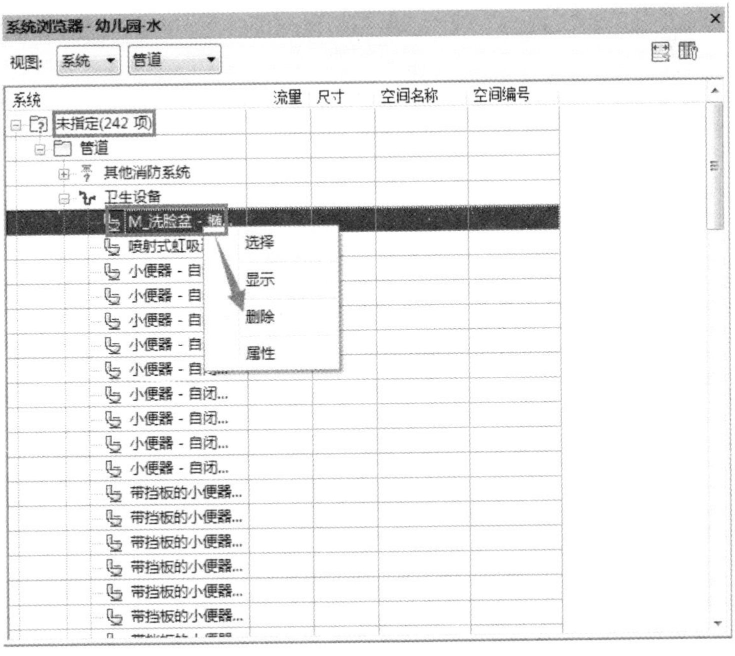

图 3-92

在系统浏览器中,可以了解项目中所有系统的主要信息,包含系统名称和设备等。

在系统浏览器中选择某系统下某一图元,该图元所有连接件所属的系统都将在系统浏览器中高亮显示。同时,在绘制区域各视图中,图元高亮显示,用户可以迅速找到该构建,非常方便。在系统浏览器中右击图元名称,可进行选择、显示、删除、查看属性等操作。单击"删除"命令,将删除图元。见图3-92。

如果在绘图区域中,通过"Tab"键选中某一系统,在系统浏览器中该系统相应的名称会高亮显示。在绘图区域中选中某图元,在系统浏览器中该图元所在系统都将高亮显示。

如果项目中的器具和设备的连接件没有指定给某一逻辑系统,将被放到"未指定"系统中,见图3-92。软件每次刷新都会自动检测未指定系统的连接件。如果未指定系统的连接件过多,就会影响运行速度。所以,最好将器具和设备的连接件指定给某一系统。

②在系统浏览器标题栏中,可以对系统浏览器进行视图和列设置,见图3-93。

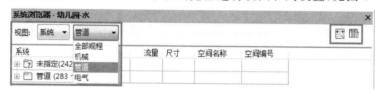

图3-93

a. 视图:单击标题栏中"系统",定义浏览器的显示类别。默认设置是"系统",即显示项目中水、暖、电的逻辑系统。如果选择"分区",将显示项目定义的分区列表,见图3-93。当浏览器选择"系统"时,单击标题栏中的"全部规程",即显示水、暖、电三个专业的系统。

b. 自动调整所有列 ：根据显示内容自动调整所有列宽。

c. 列设置 ：单击"列设置",打开"列设置"对话框,可以添加不同规程下显示的信息条目,见图3-94。

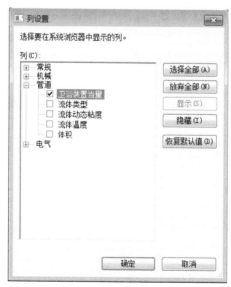

图3-94

3.2.4　系统布管

系统逻辑连接完成后,就可以进行物理连接。物理连接指的是完成器具和设备之间的管道连接。逻辑连接和物理连接良好的系统才能被 Revit MEP 2016 识别为一个正确有效的系统,进而使用软件提供的分析计算和统计功能来校核系统流量和压力等设计参数。

完成物理连接有两种方法,一种是使用 Revit MEP 2016 提供的"生成布局"功能自动完成管道布局连接,另一种是手动绘制管道。"生成布局"适用于项目初期或简单的管道布局,提供简单的管道布局路径,示意管道的大致走向,粗略计算管道的长度、尺寸和管路损失。当项目比较复杂、卫生器具和设备等数量很多,或者当用户需要按照实际施工的图集绘制,精确计算管道的长度、尺寸和管路损失时,使用"生成布局"可能无法满足设计要求,通常需要手动绘制管道。

1. 生成布局

Revit MEP 2016 提供"生成布局"功能,可以为已创建的逻辑系统自动生成管道布局连接。

以冷水系统管道布置为例,"生成布局"的步骤如下:

(1)单击逻辑系统中"子"级图元,激活"生成布局"命令,见图 3-95。

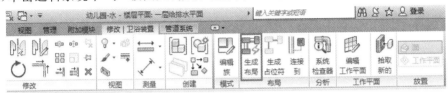

图 3-95

(2)单击"生成布局",选择"3F 女卫生间冷水"系统,见图 3-96。

(3)选择系统后,激活"生成布局"选项卡,见图 3-97。同时,在绘图区域中,布局路径以单线显示,其中绿色布局线代表支管,蓝色布局线代表干管。

此时,通过单击功能区中的"从系统中删除"和"添加到系统",可以修改管道布局的图元连接控制点。

①从系统中删除:删除系统中的图元连接控制点,单击"从系统中删除",然后选择要删除的图元。该项只删除路径控制点,并不是将图元从逻辑系统中删除。

②添加到系统:当该系统中某图元连接控制点被删除后,"添加到系统"命令被激活,单击"添加到系统",然后选择要添加的图元。

图 3-96

(4)如需设定整个布局的管道坡度,则在"坡度"面板中选择一个坡度值。如果没有合适的值,则在"生成布局"前,打开"机械设置"对话框,先添加坡度值,参见本章"3.1.2 管线绘制"的"4. 坡度设置"中"(1)设置标准坡度"。

(5)如果系统未指定设备,单击"放置基准",为该系统指定一个假设的源头,见图 3-98。对于给水系统,即为给水进口。放置基准后,布局和解决方案即随之更新。当基准放置在绘图区域后,单击"修改基准",在选项栏可修改干管的偏移量和直径,在绘图区域点击基准旁

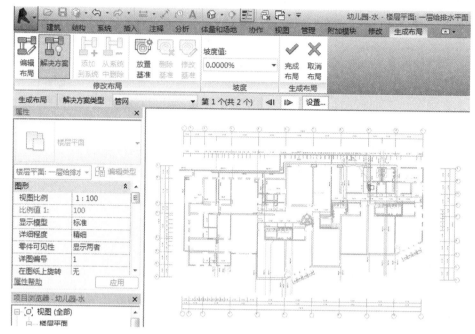

图 3-97

边的符号,可使基准围绕连接方向的轴或垂直于连接方向的轴旋转,见图3-99。单击选项卡中的"删除基准",基准即被删除。

图 3-98

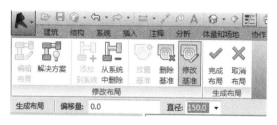

图 3-99

(6)单击"解决方案",激活"生成布局"选项栏,见图3-97的功能区下方。在"解决方案类型"中选取相应的布局方案,并编辑相应"设置"。

①解决方案类型:为管道布局提供管网、周长和交点三种方案类型。每种方案类型还提供不同路径,可以通过单击选择方案。如果用户修改了系统提供的布局,在解决方案类型中会添加一种"自定义"的类型,以示区分。

②设置:单击"设置"进入"管道转换设置"对话框,指定管道系统干管和支管的管道类型和偏移量,见图3-100。该命令与"机械设置"中的管道设置功能相同,如果这里的数据被修改,"机械设置"中相应系统分类的管道设置将自动更新。

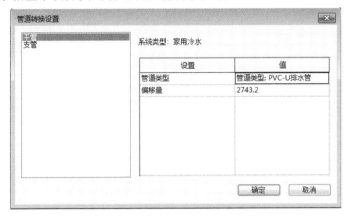

图3-100

(7)编辑布局。单击"编辑布局"后进入到自定义布局方案,可重新定位各布局线或合并各布局线来修改布局。在绘图区域可能出现下列控制符号:

①平移控制:可以将布局线沿着与该布局线垂直的轴平移。

②弯头/端点控制:拖动两条布局线之间的交点或布局线的端点,可以改变布局线的方向。

③连接控制:通过对T型三通、四通这些连接控制,还可以将干管和支管分段之间的T型三通或四通连接向左右或上下移动。移动操作仅限于与连接控制符号关联的端点。

④偏移值:通过修改偏移值,将布局线偏移到所需位置。

(8)当布局路径和管道类型都确定好后,单击"完成布局",退出"生成布局"界面,完成管道自动连接。

提示

如果布局失败,可使用命令"Ctrl+Z"返回"生成布局"选项卡,修改有问题的路径后,再单击"完成布局",生成管道。常见布局失败的原因和解决方法如下:

当一个或者多个布局路径过短时,可能无法放置管件,导致布局失败。解决方案是修改有问题的布局路径,增加路径的长度。

"管道转换设置"中用于生成布局的管道类型选用的管件无法支持复杂的布局路径,可能导致布局失败。解决方案是在相应的管道类型中选用正确的管件或手动绘制管道。如自动布局无法生成需要空间三通或四通管件的垂直管段连接,需要手动绘制管段连接。

没有指定布局偏移高程可能导致布局失败。解决方法是在"管道转换设置"对话框中指定正确的干管或支管偏移高程。

提示

"生成占位符"即生成系统的管道占位符,见图3-101,其功能和用法与生成布局功能相似。

图 3－101

2.手动绘制

当使用"生成布局"功能无法满足设计需求时,用户可以通过手动绘制管道末端来完成物理连接。手动绘制的基本方法详见本章"3.1.2管线绘制"。

对于 Revit MEP 2016 这种三维模型如何准确而快速地修改管路呢?下面阐述一些管路布局时的技巧,为用户手动绘制管道提供参考。掌握这些绘图诀窍并多加练习,管路连接将不再成为难题。

(1)运用多视图。

在绘图区域,同时打开平面视图、三维视图和剖面视图,可以增强空间感,从多角度观察连接是否合理。单击功能区中"视图"→"平铺",见图 3－102,或者直接键入 WT,可同时查看所有打开的视图。

图 3－102

在绘图时,平面视图和三维视图可以通过缩放,将要编辑的绘图区域放大。而立面视图由于构建易重合,不利于选取器具和管道,可采用剖面视图进行辅助设计。在平面视图中剖切面视图的步骤如下:

①单击功能区中"视图"→"剖面",见图 3－103。

图 3－103

②在"属性"对话框中,从"类型选择器"中选择"剖面"。

③在平面视图中,将光标放置在剖面起点处,拖拽光标直至终点时单击,剖面线和裁剪区域出现。

④选中剖面线,可以拖动四周的箭头,调整虚线框的大小,即剖面可视的范围。

(2)隐藏图元。

除了使用剖面图,还可以使用"临时隐藏/隔离"或者"可见性/图形转换"使视图变的"干净",方便选取器具、设备、管件和管路附件等。

①"临时隐藏/隔离"。在视图中通过"临时隐藏/隔离"工具,可以控制某一图元或某一

类别图元的可见性,见图3-104。"隔离图元"和"隔离类别"可以分别隔离显示某一图元和某一类别图元,"隐藏图元"和"隐藏类别"可以分别隐藏某一图元和某一类别图元。需要注意的是,"临时隐藏/隔离"的设置无法保存,当文件项目关闭后,所有临时隐藏或隔离的图元都将重新显示,无法保存到视图样板中。

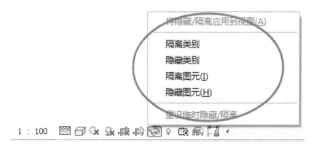

图3-104

②"可见性/图形转换"。使用视图的"可见性/图形转换"对话框,根据模型类别和过滤器控制图元可见性。在模型类别中通过勾选相关族类别设置可见性,其操作方法可参见本章"3.1.3管道显示"的"2.可见性/图形转换"。

(3)利用管件工具。

在绘制管道时,利用一些管件命令,可以使绘图更快更简单。选择管件时,通常可以利用的命令有"连接到"、"旋转"、"翻转"和"升级/降级(加号/减号符号)"等,各工具的意义和用法详见"3.1.2管线绘制"中"6.管件的放置"说明,用户可根据实际情况灵活应用。

(4)运用"对齐"和"修剪/延伸"。

在本章"3.1.2管线绘制"的"3.基本管道绘制"的"(4)指定管道放置方式"中提到通过"对正设置"对话框来设置水平、垂直对正和水平偏移。另外,如果希望两根管道能在同一个垂直面上,例如沿墙上下排布的冷热水管,用户还可以利用"修改"选项卡中的"对齐"功能,先使中心对齐,再连接管道。步骤如下:

①单击功能区中"修改"→"对齐",见图3-105,或直接键入AL。

②选择参照管道中心线。

③选择要与参照管道中心线对齐的管道中心线,如果希望这两根管以后一起移动,还可以将两个中心线锁上。注意先将视觉样式改成"线框",才能捕捉到中心线。

管件也可以利用这种方法和管道中心对齐,可避免接出不必要的异径管。

"修剪/延伸"工具对于连接管段相当有用,使用过AutoCAD的用户应该对这个工具不会陌生,它可以修剪或延伸平面上的线段,在Revit MEP 2016里不仅可以修剪或延伸共面的管段,也可以修剪或延伸异面的管段。单击功能区中"修改",在选项卡中有三个相关选项,见图3-106。它们的作用从左至右分别是:

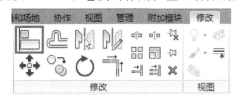

图3-105

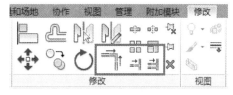

图3-106

修剪或延伸图元，以形成角。另外，也可延伸管中心在一直线上的两段管段，使它们连成一根管段。

沿一个图元定义的边界修剪或延伸一个图元。

沿一个图元定义的边界修剪或延伸多个图元。

（5）添加存水弯。

自动布局不会为卫生器具添加存水弯，如果用户需要在排水系统中体现存水弯，一般有两种方法：

①在族编辑器中将存水弯和卫生器具建在一起。为了增加这种"组合族"的灵活性，用户可以添加参数调整存水弯在器具下的偏移值，以适应不同排水口高度要求。这种方法可以省去在项目中添加存水弯的工作量，但是在明细表中无法体现存水弯的类型和数量。

②手动添加。添加时要注意存水弯的插入点和方向。建议结合多视图和管件工具技巧按以下步骤添加：

a.在剖面图2上，从卫生器具排水连接件连出一段立管。

在平面视图上，将存水弯的插入点对准卫生器具的排水立管连接件后放置存水弯。

b.放置存水弯后，如果存水弯排水口方向不对，可以通过按"旋转"符号改变方向。

c.旋转方向后，在剖面图2上，绘制存水弯的排水横支管，进一步调整排水横支管的偏移值，再连入排水管干管。

（6）布线解决方案。

对于排水管道连接，我国设计规范要求排水横管作90°水平转弯时，或排水立管与排出管端部的连接，宜采用两个45°弯头或大转弯半径的90°弯头。可将弯头替换为大转弯半径的90°弯头，也可以通过"布线解决方案"修改为两个45°弯头。其方法是：先选择要修改的管段，包括弯头和两侧的管道。然后单击"修改|选择多个"选项卡中的"布线解决方案"。

进入"布线解决方案"编辑状态，在功能区可切换方案，还可以添加控制点和删除控制点修改布线路径。选择或修改布线后，单击"完成"。

（7）绘制管道坡度。

Revit MEP 2016可通过"坡度"工具绘制具有坡度的管道。"坡度"工具的使用要注意以下几点：

①使用自动"生成布局"功能布置管道，在完成布局后，管道两段被前后"牵制"，坡度很难再修改到统一值，所以在使用该功能时，在指定布局解决方案时应指定坡度，见图3-107。

图3-107

②当手动绘制时，建议按以下顺序绘制管道：该层排水横管从管路最低点（接入该层排水立管处）画起，先画出干管后画支管，并且从低处往高处画。注意管路最低点的偏移值需预估，其值需保证管路最高点的排水横管能正确连接到卫生器具排水口上。

(8)快速修改管道类型。

绘制管道时,需要注意当前应用的"管道类型"。尤其交替绘制多个管道系统,各系统所用的管道类型又各不相同时,应注意及时切换管道类型,否则绘制完毕后再修改管道类型就麻烦了。

这里推荐两种比较快速的修改方法。

①使用"修改类型"功能快速修改管道类型,具体操作方法参见本章"3.1.1 管道设计参数"的"管道类型"。

②对于连接良好的管道系统,通过创建"管道明细表",添加"族与类型"字段,可以在"族与族类型"下拉框中替换管道类型。同理,可在"管件明细表"里替换管件类型。该方法的前提是系统连接成功,否则也很难判断出需修改的管道或管件。

(9)创建组。

项目中经常遇到相同布局的单元,如上下层卫生间或酒店标间卫生间。这时只需连接好一个"标准间",选择"标准间"所有的器具、设备、管道、管件和附件等图元,单击功能区中"修改|选择多个"→"创建组",然后在平面或立面上复制"组",再将支管接入干管或立管即可,这样就可以大大降低绘图工作量了。注意,复制后的"组"需要重新创建逻辑系统。见图3-108。

图 3-108

新建的"组"在项目浏览器中显示在"组/模型"下,见图3-109,可选择"组"进行编辑。

在绘图区域选中"组",功能区提供了工具可编辑组、解组和转换组。单击"编辑组"可重新修改"组"中的图元。

运用以上技巧,就能快速准确地将系统连接成理想的管路,甚至达到安装图的效果。

图 3-109

3.2.5 系统分析

Revit MEP 2016 提供多种分析检测功能,协助用户完成给水排水系统设计。"检查管道系统"用于检查器具和设备连接件的逻辑连接和物理连接;"调整管道大小"可以根据不同计算方法自动计算管路系统的尺寸;"系统检查器"可以检查系统的流量、当量等信息;"管道图例"功能可以根据某一指定参数为管道系统附着颜色,协助用户分析检查设计。

1.检查管道系统

Revit MEP 2016 提供了"检查管道系统"功能。单击功能区中"分析"→"检查管道系统",见图3-110,"检查管道系统"命令将高亮显示,自动检查已制定管道系统的管道连接件的逻辑连接和物理连接。对于未指定管道系统的图元连接件,不进行检查。如果被检查的连接件属性设置错误或物理连接不好,将显示"⚠",单击"⚠",查看错误报告。如果要取消检查管道系统,再次单击"检查管道系统"即可。

图 3－110

通过设置"显示隔离开关",可以显示项目中各专业未完成物理连接的连接件。单击功能区中"分析"→"显示隔离开关",打开"显示断开连接选项"对话框,勾选相应规程,单击"确定",见图 3－110。以"管道"为例,勾选"管道"并"确定"后,项目中所有未完成物理连接的管道连接件均显示"⚠",单击"⚠",查看开放连接信息。如果要关闭管道的"显示隔离开关",再次单击"显示隔离开关",取消勾选"管道"选项即可。

图 3－111

 提示

"显示隔离开关"可以检查项目中各专业所有未完成物理连接的连接件,与连接件是否指定到某规程下的特定系统无关。"显示隔离开关"只检查连接件是否完成物理连接,不检查连接件设置是否正确。

2.调整管道大小

Revit MEP 2016 提供"调整风管/管道大小"功能,用以自动计算管路系统的尺寸。对于水管,可根据"速度"和"摩擦"的值调整管径大小。具体方法如下:

①选择所有调整的管路。

②在"修改"选项卡中单击"调整风管/管道大小",打开"调整管道大小"对话框。

③指定"调整大小方法"和"限制条件",单击"确定"。

🌿 提示

可以选择整个管路系统进行大小调整,也可以将管路进行分段调整。选择需要调整管路的任意一个图元后,按"Tab"键,就可以继续拾取该管路中的其他图元,直至拾取整个系统的所有图元。

🌿 提示

Revit MEP 2016 自带的管件族,通过设定"标准"的族类型和使用"实例"参数关联连接件尺寸,能够实现根据管道尺寸自动调整附件尺寸。所以对于管道系统,可以先添加管件,再使用"调整风管/管道大小"功能调整管道大小。而对于 Revit MEP 2016 自带的管路附件族,大多数都具有指定尺寸的族类别(15mm、20mm 等),无法随管道大小自动调整尺寸。在管路中管路附件较多的情况下,建议先使用"调整风管/管道大小"功能调整管道尺寸,再添加管路附件;附件添加后,再运行一次"调整风管/管道大小"功能,既可以确保计算的准确性,又可以减少手动修改管路附件的工作。

3.系统检查器

Revit MEP 2016 提供了"系统检查器"功能,可以检查系统的流量、当量等信息。系统检查器功能在各个视图均可使用。对于逻辑连接和物理连接良好的系统,用户有以下两种方法可以激活"系统检查器"命令:

(1)选择系统中任意图元,然后单击功能区"修改"选项卡中的"系统检查器",见图 3-112。

图 3-112

(2)右击系统浏览器中所创建系统的名称,单击"检查",见图 3-113。激活的"系统检查器"会浮动在绘图区域上。

图 3-113

单击图 3-113 中的"检查"后,被检查的系统将高亮显示。给水系统检查各管段的流向、流量和卫浴装置当量,箭头表示流向,方框中的文字和数字表示该管段的流量和卫浴装置当量值。排水系统检查各管段的卫浴装置当量。

提示

激活"系统检查器"的前提是逻辑连接已创建,物理连接已连接良好,缺一不可。

提示

相同类型的系统连接到同一干管后,会合并为一个系统。例如,3F 女卫生间的冷水系统——"3F 女卫生间冷水"和 3F 男卫生间冷水系统——"3F 男卫生冷水",当两系统的冷水管连接到同一给水干管后,在系统浏览器中,"3F 女卫生间冷水"和"3F 男卫生间冷水"会合并为一个系统,系统名称为"3F 女卫生间冷水"或"3F 男卫生间冷水"。

4.管道图例

Revit MEP 2016 在"分析"选项卡中提供了"管道图例"功能,见图 3-114。"管道图例"根据不同配色方案(如流速、流量等)将颜色图例添加到管道系统的管道上。用户可以根据不同的配色方案的颜色填充,分析检查设计的项目。其具体使用方法参见"3.1.3 管道显示"中"3.管道图例"的说明。

图 3-114

3.2.6 明细表

Revit MEP 2016 的明细表功能不仅可以创建材料设备表统计项目中族的信息,还可统计系统信息。单击功能区中"分析"→"明细表/数量",打开"新建明细表"对话框,根据需要选择明细表的类别,见图3-115。Revit MEP 2016提供了多种明细表类别,建筑给排水最常用的明细表类别有卫浴装置、喷水装置、机械设备、管件、管路附件、管道、管道系统、软管等,每种类别的可用字段不同,用户可按需选择类别。下面以管道明细表为例进行说明。

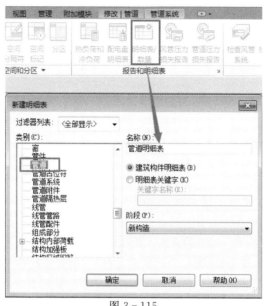

图3-115

1.创建明细表

①单击"分析"→"明细表/数量",打开"新建明细表"对话框,选择"管道",新建"管道明细表"。输入明细表名称,选择"建筑构件明细表"统计项目中所有的管道,见图3-115。

②指定明细表的类别后,单击"确定"进入"明细表属性"对话框。在"明细表属性"对话框中可以对明细表进行详细编辑。

a.首先,选择"字段",字段是明细表所要统计的项目。Revit MEP 2016为不同类别的明细表分别提供了常用字段,见图3-116。

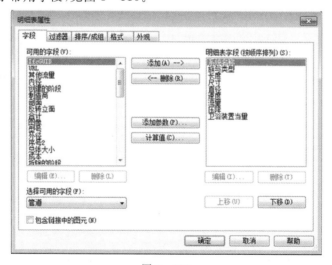

图3-116

如果某类别的族文件添加了"共享参数"类型的参数,该参数会自动添加到相应类别的"可用字段"中。通过"管理"→"项目参数",添加的项目参数也可以自动添加到相应类别的"可用字段中",见图3-117。用户可以通过为相应类别的族添加"共享参数"或者添加项目参数,添加想要在明细表中统计的字段。

图 3-117

b.其次,编辑"过滤器"选项卡,根据过滤条件显示只满足过滤条件的信息,见图3-118。

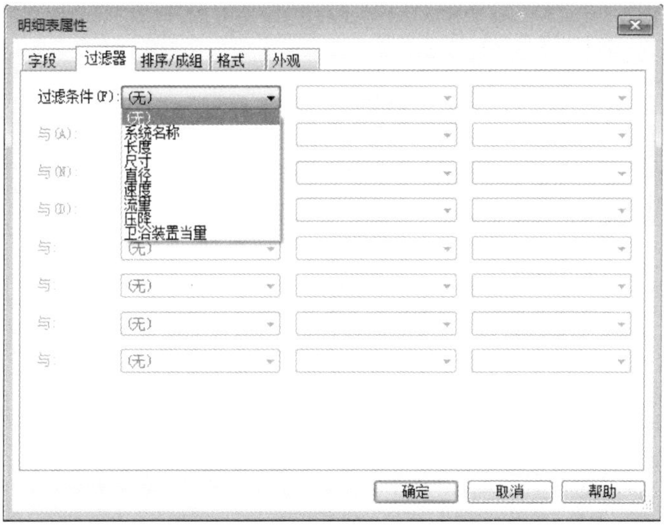

图 3-118

如设置过滤条件"系统分类""等于""家用冷水"时,明细表将只会显示家用冷水系统的管道。在过滤器中最多可以设置四个过滤条件,过滤条件从该明细表选用的"字段"中选择。其中以下明细表字段不支持过滤:族、类型、族和类型、面积类型(在面积明细表中)、从房间到房间(在门明细表中)、材质参数等。

c.然后,编辑"排列/成组"选项卡,根据已添加的字段设置明细表显示顺序,见图3-119。

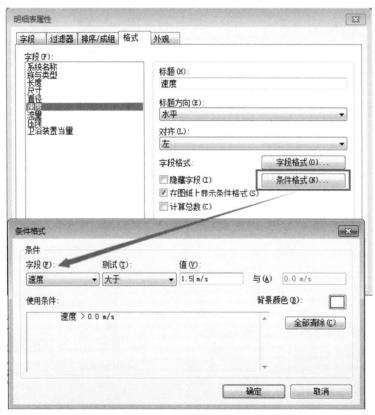

图 3-119

排序条件从该明细表选用的"字段"中选择。勾选页眉、页脚以及空行可以为根据字段排序后的明细表添加页眉、页脚和空行。勾选"逐项列举每个实例"可显示某类图元类型的每个实例,取消勾选该项可将实例属性相同的图元层叠在某一行上。本例中设置以"系统名称"升序排序。

d.再次,编辑"格式"选型卡,编辑已选用"字段"的格式,见图 3-120。

图 3-120

在"格式"选型卡中可以对选用"字段"的标题和对齐方式进行编辑,还可以使用"条件格式"功能定义某一字段特定条件下的显示,帮助用户分析系统。如单击"条件格式",将"速度""大于""1.5m/s"的表格背景颜色设为红色,明细表将自动统计速度大于1.5m/s的系统,并将其标注成红色高亮显示。用户还可方便地通过条件格式标注出不符合设计的管段。

e.最后,编辑"外观"选项卡,设置明细表显示,如列方向和对齐、网格线、轮廓和字体样式等,见图3-121。

③明细表制作好后,可将图纸和明细表同时显示在绘图窗口中,对应系统进行检查和修改。明细表和对应系统及图元实例相关联,如果更改明细表中的数值,图元属性相应的数值也会更改,如管道直径。如果删除明细表中的列,对应的图元也会被删除。右击明细表任一单元格,点击"显示",可方便查找到该系统。

新建的明细表在项目浏览器中显示在"明细表/数量"下,可选择明细表并在"属性"对话框中再次修改,见图3-122。

图 3-121

图 3-122

2.计算功能

通过建立管道明细表,可反映每段计算管段的长度、尺寸、速度、流量、压降、卫浴装置当量等数据,这些数据可作为水力计算的参考。下面以计算管路的沿程水头损失为例,介绍如何巧妙应用明细表功能,对管路进行一些简单的水力计算。

①选取引入管与室外给水管网连接点至最不利点的所有管道,在"属性"对话框里给"注释"输入一个相同的值,例如"最不利点",见图3-123。

②在"管道明细表"里添加"注释"字段。在"过滤器"选项卡中,将过滤条件设置为"注释""等于""最不利点",见图3-124。

图 3-123

图 3-124

③在"排序/成组"选项卡中,指定"卫浴装置当量"为排序方式,并勾选"总计",见图 3-125。

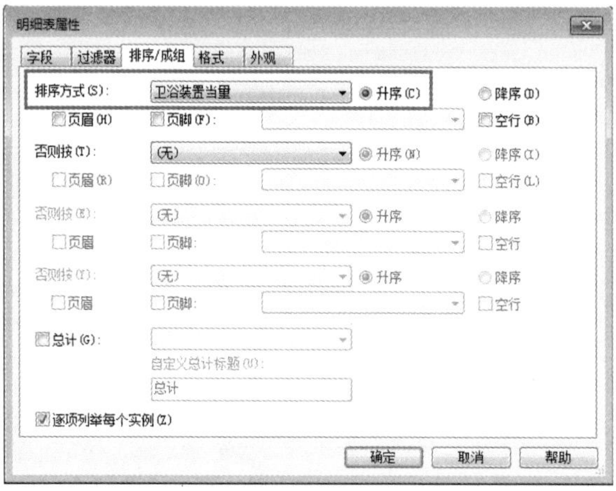

图 3-125

④在"格式"选项卡中,指定"压降"字段时勾选"计算总数",见图 3-126。

图 3-126

这样，一个利用明细表的简单计算就完成了。用户可结合不同明细表和字段灵活应用。

3.2.7 其他

1.管道标注

管道标注的方法参见"3.1.4管道标注"，基本能满足建筑给水排水出图的要求。

2.系统图

Revit MEP 2016 的立面图不能满足管道系统图的出图要求。对于卫生间给排水系统图，可用三维图表示管路情况。Revit MEP 2016 支持在三维视图中添加标记和注释记号，用户可以在三维视图中标注管道尺寸、标高、坡度等。标注的操作方法如下：

①打开要标记图元的三维视图。

②在视图控制栏上，单击"保存方向并锁定视图"，将视图锁定在当前方向。需注意的是，在该模式下无法动态观察模型。

③根据需要为标记的图元添加标记或注释记号。

④要解锁当前方向，单击"解锁视图"，可以继续定位和动态观察三维视图。放置在视图中的任何标记或注释记号都不会显示，要再显示刚才标注的标记和注释记号，单击"恢复方向并锁定视图"命令即可。

3.其他管道系统

在本章"3.2.3系统创建"的"2.管道系统"中提到，在 Revit MEP 2016 只能创建预定义的 12 种管道系统。除此之外，如热水回水、雨水系统等，只能进行管道布局（物理连接）。管道布局时应注意以下两点：

①如果将热水管道连接成循环管网，可能会导致"家用热水"系统无法进行系统分析，如果要连接和分析热水循管网，可创建"循环供水"和"循环回水"系统。值得注意的是，大部分卫生器具管道连接件的系统分类设为"家用热水"，在创建系统前，需修改族的连接件，使它们具有相匹配的系统分类。

② Revit MEP 2016 新增了通气管系统，通气管可与排水管相连。

4.碰撞检查

Revit MEP 2016 提供了"碰撞检查"功能，不仅可以帮助给排水工程师检查管道碰撞，也可以帮助协调水暖电的管路设计，详细的方法参见第 6 章相关内容。

3.3 消防系统

利用 Revit MEP 2016 进行消防系统设计有以下优势：第一，三维管路能大大提高消防管路布置的准确性，有效地避免和其他构件，如梁、柱在空间上的冲突；第二，迅速完成管道和设备标注；第三，自动生动系统设备材料表。

不过，Revit MEP 2016 目前还不支持消防系统管道水力计算，不能根据流量自动调整管道大小。因此，相对于室内给排水设计，消防设计的工作量要略大些。

下面分消火栓给水系统、自动喷水灭火系统和其他三部分介绍用 Revit MEP 2016 进行消防系统设计的大致思路，并对可能遇到的部分问题提供解决方法。

3.3.1　消火栓给水系统

1.项目准备

（1）消防构件族。

在进行消防系统布置时，要用到相关的构建族，在Windows7操作系统中，默认安装的情况下，Revit MEP 2016自带的构建族都存放在以下路径：C\ProgramData\Autodesk\RME 2016\Libraries\China\。

与消防设计相关的构件族的文件夹名称和子文件夹名称见表3-2。

表3-2　消防构件族

文件夹名称	子文件夹名称	所存放的构建族
消防	橱柜	消火栓箱和消防卷盘
	阀门	消防管路上专用阀门
	附件	消防管路上专用附件
	连接	水泵接合器
	喷水装置	喷淋系统中的喷头
管道	阀门	按用途分类存放：安全阀、蝶阀、多用途阀、浮标阀、隔膜阀等
	附件	过滤器、吸入散流器、温度计量器、压力计量器等
	配件	按材料分类存放。其中钢塑复合、PVC-U、钢法兰、PE、不锈钢材料的管件是按照中国规范创建的。它们的文件名指明了规范号，如GBT5836、CJT 137等
机械构件	出水侧构件	泵、水软化器、水过滤器等

（2）消火栓箱族创建。

下面介绍如何创建一个消火栓箱族以适应国内消火栓箱的设计要求。

①选择"基于面的公制常规模型.rft"为新消火栓箱族的样板文件。

②单击功能区中"创建"→"类别和参数"，将"族类别"设置成"机械设备"。

③单击功能区中"创建"→"类型"，创建三个族类型，命名为"明装""半暗装""暗装"。创建以下参数："箱体长边"、"箱体短边"、"箱体厚度"和"嵌墙深度"。

④利用实心拉伸来绘制消火栓箱体，在"楼层平面"中，"参照标高"和"立面"的两视图的尺寸标注见图3-127和图3-128。

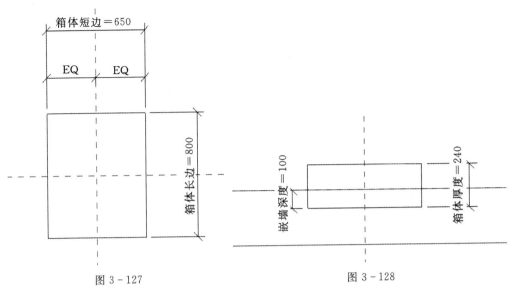

图 3-127　　　　　　　　　　　　　　图 3-128

⑤添加"栓口高度"尺寸标注,见图 3-129 和图 3-130,并修改自带参数"默认高度"的公式为:"1100mm 栓口高度"。这样消火栓口中心距地面的高度保持为 1.10m。

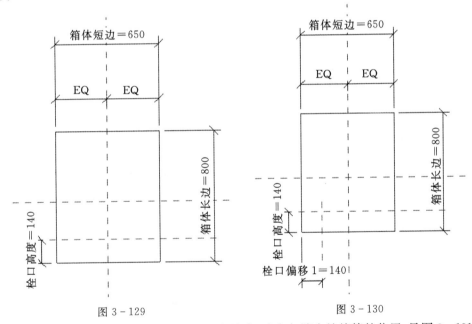

图 3-129　　　　　　　　　　　　　　图 3-130

⑥添加"栓口偏移 1"和"栓口偏移 2"两个约束,确定与消火栓接管的位置,见图 3-131。

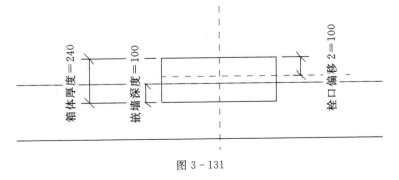

图 3-131

⑦在消火栓箱体表面添加"消火栓"字样。在"楼层平面"添加模型文字并约束在合适的位置,见图3-132。

⑧以"公制详图构件.rft"为样板文件创建消火栓图例族,作为嵌套族加载到消火栓族当中,添加到"立面:前",并进行相应的尺寸标注,见图3-133。

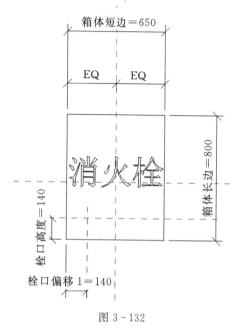

图3-132

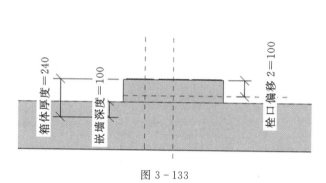

图3-133

⑨根据图纸表达习惯,设置几何图元的可见性。

⑩添加"管道连接件",连接件设置见图3-134。并将连接件属于中"半径"和族参数"栓口半径"关联,"流量"和族参数"栓口流量"关联,"压降"和族参数"栓口水压"关联,最后将创建好的族载入到项目文件中。

 技巧

要将"管道连接件"加在实体的特定位置上,可先在"管道连接件"添加的位置绘制一个小的圆柱体(实心拉伸)。然后选中圆柱体底面,添加管道连接件,该圆柱体底面圆心即为连接件位置。添加好连接件后,单击功能区中"修改"→"连接"→"连接几何图形",将圆柱和立方体连接起来,辅助添加连接件的圆柱体即不可见了。

图3-134

(3)消火栓系统管道配置。

和其他管道系统类似,布置消火栓系统管道之前应先配置的类型属性。步骤如下:

①单击功能区中"机械设置"→"管道设置"→"尺寸",查看是否有适用消防系统的管道。如果没有,可按本章"3.1.1 管道设计参数"的"1.管道尺寸"中的说明添加管道尺寸。

②载入打算在消火栓系统中使用的管件族。

③单击功能区中"常用"→"类型属性"按钮,打开"类型属性"对话框,单击对话框中"复制"按钮,输入新的管道类型名称,如"钢塑复合",并选择相应的管件。

2.设备布置

(1)消火栓箱布置。

①将新建的消火栓箱族载入到项目中。

②根据消火栓选用和布置原则,将消火栓放置到合适的位置。

(2)消防立管布置。

根据消火栓箱的位置,绘制消防立管。

(3)消火栓箱与消防立管的连接。

①选中消火栓箱,点击功能区中"修改|机械设备"→"连接到",再选择消火栓箱附近的消防立管,即完成初步连接。

②通过"连接到"完成连接后,如需要,可以手动调整接管的标高。创建剖面视图,通过平铺平面、剖面和三维视图,可以方便直观地修改连接横管的标高。

3.系统布管

Revit MEP 2016 自动布局形成的管路不适用消火栓给水系统,建议将各个标高的消火栓箱和消防立管逐一连接完毕后,再手动将各个消防管通过消防横管连接起来,完成消火栓给水系统的管路连接。

4.系统标注

消火栓箱和消防立管可以利用项目参数、过滤器和明细表进行标注。

(1)项目参数创建。

①单击功能区"管理"→"项目参数",添加名为"消火栓给水"的项目参数。

②通过按"Tab"键选中消防立管 1 上的消火栓箱、管件、管路附件。编辑实例属性,修改项目参数"消火栓给水"的数值为"消火栓-1"。

③同样的办法修改其他消防立管上相关设备的项目参数"消火栓给水"的数值为"消火栓-2""消火栓-3"等。

 提示

创建项目参数的主要目的就是将各消防立管区分开来,方便设置过滤器来管理。笔者亦考虑过通过创建系统的方式来区分,即一根立管上的消火栓箱组成一个系统。该方法的问题在于,消火栓系统往往要求成环,当某个独立的消火栓系统和成环的消防横管相连接时,消防横管亦可能被算入该消火栓系统,且图元的管道系统属性将无法修改。

(2)过滤器设置。

①设置三维视图的过滤器,为所建的各消火栓系统设置不同颜色。

②各个消防立管区别颜色显示。

(3)明细表创建和修改。

①创建族类别为"机械设备"的明细表。

提示

用消火栓箱创建"其他消防系统",这样可以方便地消火栓箱和其他族类别为"机械设备"的族区分开来。

②填写消火栓明细表中的"注释"。根据参数"消火栓给水"和"标高",很容易写出消火栓箱的注释。例如 H304 代表消火栓位于 3 楼,并连接在 4 号立管上。

(4)消火栓箱标注。

①消火栓箱标注注释族载入。利用注释符号族对消火栓箱进行标注。标注之前,需要载入一个标签参数为"注释"的注释符号族,详细做法参见本章"3.1.4 管道标注"的"2.编号标注"中"(1)立管编号"。

②"全部标记"将视图切换到某一楼层平面。单击功能区中"注释"→"全部标记"。

在打开的"标记所有未标记的对象"对话框中,选中消火栓标注族,在"引线"选项中勾选,创建引线。

单击"应用"后,当前楼层平面的所有消火栓箱编号标注就自动添加到图中。为了图面的整齐,可能需要手动修改标注位置。

(5)消防立管标注。

同样,也利用注释符号族对消防立管进行标注。这里要注意修改注释符号族的族类别,标记管道的注释符号族的族类别为"管道标记",而标记消火栓箱的注释符号族的族类别为"机电设备标记"。在过滤设置完毕后,创建管道的明细表。单击三维视图中的某立管,在"属性"对话框中查看其"标记"值,然后在管道明细表应标记的立管处填写"注释",例如为"标记"是"514"的立管填写"IHL"。按此方法,填写完所有立管的"注释",最后回到楼层平面图上就能快速标注消防立管。

3.3.2　自动喷水灭火系统

1.项目准备

(1)喷头族。

Revit MEP 2016 中提供了两个符合中国绘图习惯的喷头族。

(2)喷淋系统管道配置。

请参见"3.3.1 消火栓给水系统"的"1.项目准备"中"(3)消火栓系统管道配置"。

2.设备布置

喷头的布置一般为长方形、正方形或者菱形,比较规整。可以参考以下步骤:

(1)根据喷头布置间距要求,添加一些参照平面。可以用"阵列"命令快速便捷地完成参照平面的绘制。

(2)将喷头添加到参照平面的交点上。通过"对齐"命令,将喷头约束在水平和数值两个参照平面上,这样做可以通过移动参照平面轻松地批量调整喷头位置,同时有利于后续自动布局的管路连接,避免因喷头没有对齐而接管失败。

3.系统布管

和消防给水系统不同,喷淋管网可以利用"生成布局"功能轻松完成初步布置。布局将针对在同一系统中的图元生成。软管选中的喷头属于"湿式消防系统 1",那么 Revit MEP 2016 将为"湿式消防系统 1"的所有喷头进行布局。如果选中的喷头不属于任何系统(为"默认的湿式消防系统"),那么 Revit MEP 2016 将为"默认的湿式消防系统"中的喷头生成布局。具体步骤如下:

(1)选中欲生成布局的所有喷头,单击功能区中"修改|喷头"→"创建系统"→"管道",弹

出"创建管道系统"的对话框,创建湿式消防系统。"系统创建"功能的说明可参见本章"3.2.3 系统创建"。

(2)选中其中任意一个喷头,单击功能区中"修改|喷水装置"→"生成布局","生成布局"功能的说明可参见本章"3.2.4 系统布管"。

(3)进入布局模式后,可以选择"解决方案类型",对于喷头的位置,通常可以选择"管网"。

"管网"提供干管水平布置和竖直布置两种方案类型,选择一种适合的即可。

🌾 提示

在 Revit MEP 2016 自动生成布局模式中,蓝色管道为系统默认的干管,绿色管道为系统默认的支管。需注意的是,干管和支管无法自动调整、指定。

(4)单击"完成布局",即可完成喷淋管道的初步布置。如果此时出现警告,可能是以下原因:第一,干管、支管标高设置不合理,导致空间不够;第二,管件尺寸偏大,导致空间不够;第三,喷头没有对齐,无法生成合理的布局。针对上述问题,需根据实际情况进行排除并解决。

(5)布置完成后可以根据需求进一步手工调整管道位置。

(6)手动设置调整管道尺寸。

4.系统标注

喷淋立管也可以通过添加注释的方法进行标注,具体办法照消火栓立管的标注。喷淋管道的尺寸标注可以通过单击功能区中"注释"→"全部标记",非常迅速便捷地完成一个楼层的喷淋管道尺寸的标注。Revit MEP 2016 会将所有的管道都标记出来,对于不需要重复标志的管道尺寸,需要手动删除。

3.3.3 其他

1.灭火器的布置

Revit MEP 2016 自带的族库中没有灭火器,需自行创建。

灭火器相对来说比较容易创建。建议选用"公制常规模型.rft",族类别选择"机械设备"。灭火器的几何形体较简单,容易创建。宜创建一注释符号族作为图例嵌套族载入灭火器族中。另外,该族不用添加连接件。

2.消防泵房的布置和水泵接合器

在 Revit MEP 2016 中进行消防泵房的布置和水泵接合器的连接,只能通过手动完成。由于其中的管件和阀门很多,可能需要花费一些工夫。完成布置后,可以清晰地展现泵房相对复杂的管路,避免设计错误。

第4章 暖通空调设计

Revit MEP 2016 为暖通设计提供快速准确的计算分析功能,内置的冷却负荷计算工具,可以帮助用户进行能耗分析并生成负荷报告;风管和管道尺寸计算工具,可根据不同算法确定干管、支管乃至整个系统的管道尺寸;检查工具及明细表,帮助用户自动计算压力和流量等系统信息,检查系统设计的合理性。

同时,Revit MEP 2016 具有强大的三维建模功能,直观地反映设计布局,实现所见即所得。用户可以直接在屏幕上拖放设计元素进行设计,有效提高用户的设计效率和质量。

4.1 负荷计算

Revit MEP 2016 内置的负荷计算工具基于美国 ASHRAE 的负荷计算标准,采用热平衡法(HB)和辐射时间序列法(RTS)进行负荷计算。该工具可以自动识别建筑模型信息,读取构筑件的面积、体积等数据并进行计算。

4.1.1 基本设置

首先设置项目所处的地理位置、建筑类型和构造类型等基本信息。

1.地理位置

项目开始时,使用与项目距离最近的主要城市或项目所在地的经纬度来指定地理位置,根据地理位置确定气象数据进行负荷计算。

在 Revit MEP 2016 中可以编辑"地理位置":

a.单击功能区中"管理"→"地点",打开"位置、气候和场地"对话框,见图 4-1。

图 4-1

b.单击功能区"管理"→"项目信息"→"能量设置编辑"→"位置",见图 4-2,打开"位置、气候和场地"对话框,见图 4-3。

"位置、气候和场地"对话框包含了"位置""天气""场地"三个选项卡,各选项卡的意义如下:

(1)位置。

定义项目所在地的位置。可以通过在"定义位置依据"下拉菜单中,选择"默认城市列表"或"Internet 地图服务"两种方式来实现。

默认城市列表:在"城市"列表中选择项目所在地,例如选择"北京,中国",系统将自动匹配北京的维度、经度和时区,见图 4-3。

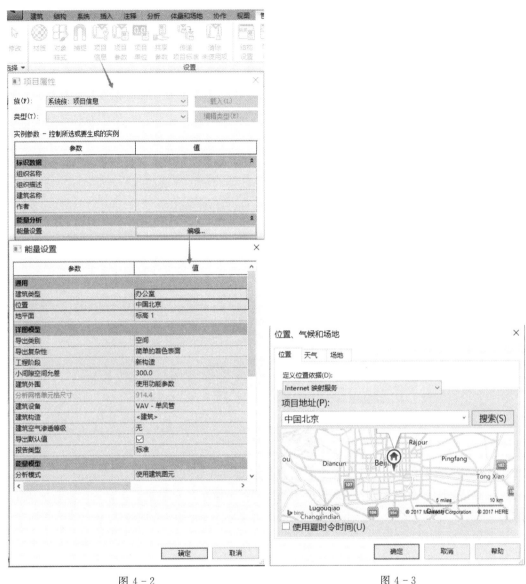

图 4-2   图 4-3

🌾 **提示**

如果项目所在地实行"夏时制",需要勾选"使用夏时令时间"。

Internet 地图服务:如果当前计算机连接到 Internet,可以选择"Internet 映射服务"。下方将列出选择的城市以及 Google 地图,在 Google 地图上可以查看项目的项目地址和经纬度。例如,在"项目地址"中输入"中国上海市浦东新区浦电路 399 号",单击"搜索",在下方的 Google 地图中就可以显示出该地址相关的维度、经度坐标。

🌾 **提示**

如果未找到项目地址,可以重新输入更详细的项目地址或者输入一个项目附近的地址,如果找到多个结果,通过单击项目位置工具提示的超链接,选择项目地址。

🐾 **技巧**

用户可以根据需要拖拽项目位置指针选择项目地址。

（2）天气。

设置相应地点的气象参数，包含"制冷设计温度"、"加热设计温度"和"晴朗数"，见图4-4。

图4-4

制冷设计温度：夏季空气调节室外计算温度。包含逐月的干球湿度、湿球温度及平均日较差。

加热设计温度：冬季室外计算温度，类似于"采暖室外计算温度"。

晴朗数：范围从0到2，其中1表示平均晴朗数，0和2是极限值。0表示模糊度最高，2表示透明度最高。根据ASHRAE手册，晴朗干燥的气候对应的晴朗数大于1.2，模糊潮湿的气候对应的晴朗数小于0.8，晴朗数的平均值为1.0。晴朗数类似于《采暖通风与空气调节设计规范》中定义的"大气透明度等级"。

🐾 **提示**

（1）对于Internet访问权的Autodesk速博用户，"天气"选项卡中会自动采用选定的"气象站的HVAC设计数据"，而不是采用ARSHRAE的数据。

（2）勾选"使用气象站的HVAC设计数据"时，"制冷设计温度"只能使用软件提供的默认值。如果用户需要根据实际情况对"制冷设计温度"进行自定义，取消勾选即可编辑"制冷设计温度"。

（3）场地。

用于确定建筑物的朝向及建筑物之间的相对位置，一般由建筑设计师确定。见图4-5。

图 4-5

2.建筑/空间类型设置

单击功能区中"管理"→"MEP设置"→"建筑/空间类型设置",打开"建筑/空间类型设置"对话框,见图4-6。

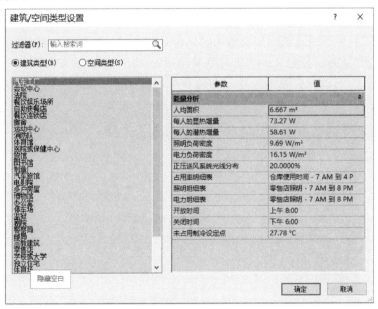

图 4-6

"建筑/空间类型设置"对话框中列出了不同建筑类型及空间类型的能量分析参数,如室内人员散热、照明设备的散热及同时使用系数的参数等,默认参数值均参照美国ASHRAE手册。

(1)建筑类型。

建筑类型指不同功能的建筑,如体育馆、办公室等。建筑类型的能量分析参数如下:

a. 人均面积:每单位面积的人数;

b. 每人的显热增量:空气温度变化吸收或放出的热量;

c. 每人的潜热增量:同空气中的水蒸气浓度变化有关的热量,例如,人体汗水蒸发吸收的热量,人员换气带进来的空气含湿量;

d. 照明负荷密度:每平方米灯光照明散热量;

e. 电力负荷密度:每平方米设备的散热量;

f. 正压送风系统光线分布:吊顶空间内吸收照明散热量的百分数;

g. 占用率明细表:建筑或空间需要制冷或加热的时间段;

h. 照明明细表:建筑或空间照明开启到关闭的时间段内照明同时使用率;

i. 电力明细表:建筑或空间照明开启到关闭的时间段内设备同时使用率;

j. 开放时间:建筑开放时间点;

k. 关闭时间:建筑关闭时间点;

l. 未占用制冷设定点:非空调区域的温度设定点。

用户可以根据不同国家、地区的规范标准及实际项目的设计要求,对各个能量分析参数进行调整,以确保负荷计算结果的正确性。如"办公室",如果考虑室内设计温度是 26℃,需要将"建筑类型"中"办公室"的"每人的显热增量"及"每人的潜热增量"参数值分别调整为 57W 和 51W。

编辑"占用率明细表"或"照明明细表"或"电力明细表"时,打开相应的"明细表设置"对话框。例如,编辑"照明明细表",单击⋯⋯打开照明"明细表设置"对话框。在"明细表设置"对话框左侧列出了各种不同建筑的照明使用时间段,用户可以选择模板内置的明细表,也可以单击"新建"或者"复制",自定义一个新的照明使用时间。单击"重命名"可以对已有的照明使用时间名称进行编辑。右侧图标显示相应照明使用时间下,照明在各时间段的使用率。用户可以根据实际情况,直接编辑各时间段的使用系数,见图 4-7。

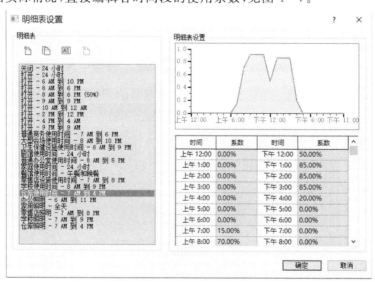

图 4-7

（2）空间类型。

空间类型指不同功能的房间，例如大厅、办公室封闭、活动区体育馆等，见图4-8。空间类型不包含开放时间、关闭时间和未占用制冷设定点三个参数，其他参数与建筑类型对应的能量分析参数相同。

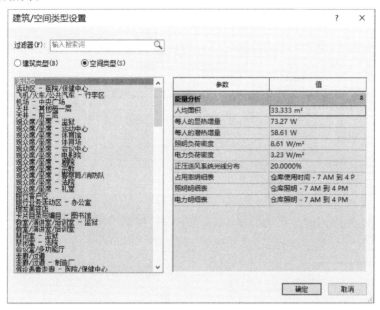

图 4-8

4.1.2 空调

Revit MEP 2016 通过为建筑模型定义"空间"存储用于项目冷热负荷分析计算的相关参数。通过"空间"放置自动建筑物中不同房间的信息：周长、面积、体积、朝向、门窗的位置及门窗的面积等。通过设置"空间"属性，定义建筑物围护结构的传热系数、房间人员负荷等能耗分析系数。

1.空间放置

（1）识别链接建筑模型中房间边界。

选中链接的建筑模型，单击功能区中"修改 RVT 链接"→"类型属性"，在"类型属性"对话框中勾选"限制条件"下的"房间边界"。

（2）空间放置。

①手动放置：单击功能区中"分析"→"空间"，将鼠标移动到建筑模型上，将自动捕捉房间边界，点击相应房间布置空间。

②自动放置：单击功能区中"分析"→"空间"后，在"修改|放置空间"中单击"自动放置空间"命令，软件根据建筑分隔为当前楼层平面自动布置"空间"，见图4-9。

图 4 - 9

对于大空间,可以通过单击功能区中的"分析"→"空间分隔符",将一个大空间分隔两个或多个空间,见图4-10。

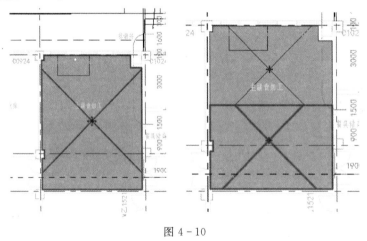

图 4 - 10

(3)空间可见性设置。

在当前视图,键入"VV"命令,打开当前视图的"可见性/图形替换"对话框,勾选"空间"选项下的"内墙"和"参照",高亮显示当前楼层平面的"空间",见图4-11。

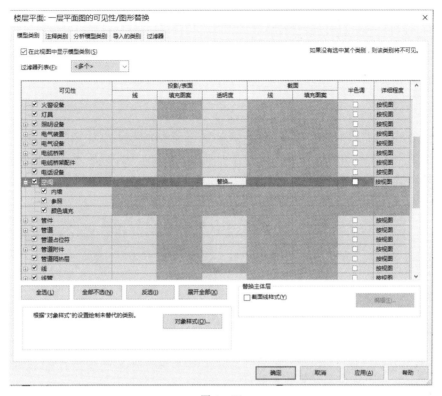

图 4 - 11

（4）空间标记。

添加空间标记标注空间的信息。

①自动放置空间标记：无论手动布置空间或自动放置空间。只要选择"修改空间标记"
→"在放置时进行标记"，在布置空间时将自动为"空间"添加编号标记，见图 4 - 12。

②手动放置空间标记：单击功能区"分析"→"空间标记"，逐个添加空间标记，见
图4 - 13。

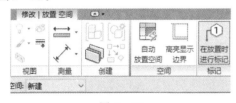

图 4 - 12

图 4 - 13

③编辑空间标记属性：单选某个"空间标记"或全选当前视图中的所有"空间标记"，单击
功能区中"修改空间标记"→"属性"，可以编辑"空间标记"。在"实例属性"对话框中可以选
择"空间标记"类型，如选择"使用体积的空间标记"，"空间标记"将显示空间的名称和空间体
积，在"修改空间标记"选项栏中，可以调整空间标记为水平显示或者垂直显示，以及是否为
标记添加引线。

🖋 提示

（1）由于建筑围护结构间存在传热，为保证负荷计算结果的准确性，需要为建筑模型的

99

所有区域布置空间,如吊顶层、架空地板夹层、竖井、墙槽及小空隙空间等非空调区域。

(2)如果在添加自定义标高的楼层平面放置的空间,即使设置了可见性仍然无法显示,则需要切换到立面视图,选中标高,设置该标高的"计算高度"参数值大于等于"视图范围"内的"剖切面"偏移值,这样放置的空间即可显示。

技巧

单击功能区中的"分析"→"空间",激活"修改|放置空间"选项卡,单击"高亮显示边界",可以在放置空间前帮助用户检查房间边界是否存在问题,如果发现房间边界有问题,需要先调整房间边界再放置空间,见图4-14。

图 4-14

技巧

在"修改|放置空间"选项栏中,用户还可以自定义需要放置空间的上限、偏移以及空间标记的放置方向和空间标记是否需要引线等,见图4-15。

图 4-15

空间放置完毕后,全选当前视图中所有的空间图元,如果空间放置存在问题,在功能区面板中将出现"显示相关警告",单击"显示相关警告",有问题的空间将高亮显示,并打开"消息"对话框。选中"警告1"下的条目,视图中高亮显示对应的问题空间。

2.空间设置

空间设置完毕后,需要对各个空间的能量分析参数进行设置。空间的能量分析参数设置有两种途径:一是在空间属性中进行设置,二是在空间明细表中进行设置。

(1)空间属性。

选中当前视图中某个空间,单击功能区中的"属性",在"实例属性"对话框中编辑"能量分析"中的参数,见图4-16。

①分区:当前空间如果没有指定到某一分区,显示"默认",否则显示该空间所在分区的名称。

②正压送分系统:当非空调空间作为静压箱使用时,勾选此项,如吊顶空间、架空地板夹层等。

③占用:如果空间是空调系统,勾选"占用"。反之不勾选此项,如建筑中的竖井、墙槽或公共卫生间等。

④条件类型:确定热负荷和冷负荷的计算方式。如选择"加热",只计算热负荷,选择"无条件的",则不计算负荷,见图 4 - 17。

图 4 - 16   图 4 - 17

提示

如果吊顶层等非空调不作为静压箱使用时,无论是否勾选"占用","条件类型"中都必须选择"无条件的",见图 4 - 18。

⑤空间类型:单击空间类型,打开"空间类型设置"对话框,见图 4 - 19。

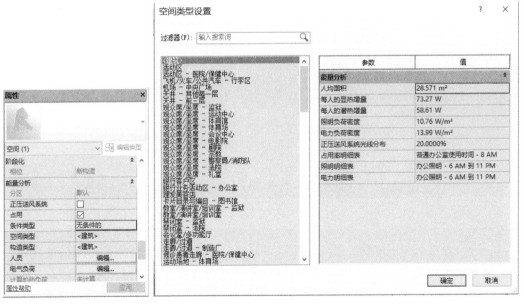

图 4 - 18   图 4 - 19

选择某一"空间类型"后,按照当地的规范标准设置相应能量分析参数,该对话框与本章"4.1.1 基本设置"中介绍的"建筑/空间类型设置"对话框中的空间能量参数设置一致。如果在"建筑/空间类型设置"对话框中已经设置相关能量参数,这里只选择空间类型即可。如果在该对话框中更改某一类型的能量设置参数,"建筑/空间类型设置"对话框中相应空间的能量参数会同步更新。

⑥构造类型:定义建筑围护结构的传热性能,默认设置为"建筑"。

单击构造类型 … ,打开"构造类型"对话框,单击"构造1",通过左侧"构造"选项卡为"构造1"指定围护结构类型,这些构造的热工参数将用于负荷计算,例如屋顶、内墙、外墙及天花板等的导热系数(U 值),内窗、外窗及玻璃门等导热系数(U 值)和太阳辐射得热率(SHGC)、内遮阳系数(2012 版本翻译为"内部着色系数")。用户在设计时,可以编辑原有的"构造1"或者新建"构造类型",通过"构造"选项卡指定不同的建筑类型的材质,见图 4 - 20,软件内置的建筑围护结构热工参数值取自 ASHRAE 手册。

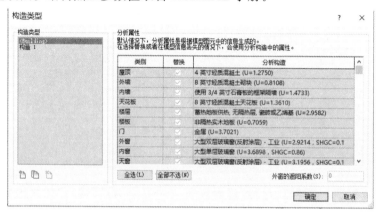

图 4 - 20

⑦人员:指定空间的人员负荷,单击"人员"中的"编辑",打开"人员"对话框,见图 4 - 21。

图 4 - 21

a.默认:人员负荷将按照本章"4.1.1 基本设置"中"建筑/空间类型设置"对话框中"空间类型"设置的人均面积、每人的潜热增量和显热增量进行计算。

b.指定:自定义在"占用"下的"人数"或"人均面积"、"每人的热增量"的"显热"和"潜热"。

⑧电气负荷:指定照明、设备负荷,单击"电气负荷"中的"编辑",打开电气负荷对话框,见图 4 - 22。

a.默认:电力和照明负荷将按照本章"4.1.1 基本设置"中"建筑/空间类型设置"对话框中"空间类型"设置的照明负荷密度、电力负荷密度和正压送风系统光线分布进行计算。

图 4 - 22

b. 指定：如果选择"指定"，可以自定义"照明"、"电力"的"负荷"或"负荷密度"。

c. 实际：可自定义"对正压送风系统（如果存在）的贡献值"，"负荷"和"负荷密度"会自动获取当前项目中实际放置的照明、电力等信息数据进行计算。

⑨计算的热负荷和计算的冷负荷："计算的热负荷"和"计算的冷负荷"是使用 Revit MEP 2016 内置的负荷计算工具计算后得到的负荷值，在未进行负荷计算前，这两项的值显示为"未计算"。

⑩设计热负荷和设计冷负荷："设计热负荷"和"设计冷负荷"是用户自定义的预计负荷值，进行负荷计算后，可以通过比较设计值和计算值，对设计进行修订。如果未定义"设计热负荷"和"设计冷负荷"，负荷计算后，这两项值将分别等于"计算的热负荷"和"计算的冷负荷"。

（2）空间明细表。

空间明细表用于查看、统计和编辑空间信息。

单击功能区中的"分析"→"明细表数量"，在"类别"列表中选择"空间"，建立空间明细表。单击"确定"，编辑空间明细表属性，见图 4 - 23。

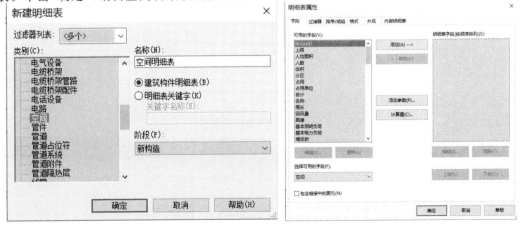

图 4 - 23

①字段:将软件提供的"可用字段"中同"空间设置"相关的参数添加到"明细表字段"中,例如,添加编号、名称、空间类型等关键参数,通过"上移、下移"调整参数的前后位置,见图 4-24。

图 4-24

②过滤器:通过设定过滤条件,只显示满足过滤条件的信息。例如,用"标高"等于"F2_3.35",则明细表中仅仅显示 F2-二层的相关参数,见图 4-25。

图 4-25

③排序/成组:在"排序方式"中选择"标高"和"升序","空间明细表"将首先按照各层不同的"标高"升序排列;在第二过滤条件选择"面积"和"升序",每层中的不同空间会按照空间面积升序排列,见图4-26。

图4-26

完成上述三项编辑后,单击"确定",生成所需的"空间明细表"。可直接在"空间明细表"编辑空间属性。当不同空间的空间属性相同时,可以直接在"空间明细表"中通过"复制"和"粘贴"命令进行编辑。

使用"窗口平铺"功能将空间明细表和对应楼层平面同时显示在窗口中,可以直观地查看和编辑相应空间的信息。

🪶 提示

空间放置完成后,用户可以同时打开剖面、平面视图检查空间是否放置正确。

4.1.3 分区

分区是各空间的集合。分区可以由一个或者多个空间组成,创建分区后可以定义统一具有相同环境(温度、湿度)和设计需求的空间。简而言之,使用相同空调系统的空间或者空调系统中使用同一台空气处理设备的空间可以指定为同一分区。新创建的空间会自动放置在"默认"分区下。所以在负荷计算前,最好为空间指定分区。

🪶 提示

正压送风系统这类未占用区域的空间,即使不在同一标高也可以添加到同一分区中。

1.分区放置

单击功能区中的"分析"→"分区",单击"编辑分区"→"添加空间",选择"空间",将具有相同环境和设计需求的"空间"逐个添加到分区中,见图4-27。

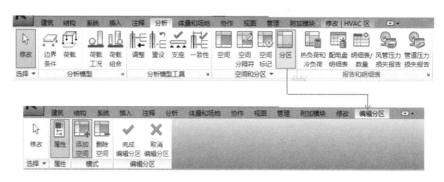

图4-27

2.分区查看

分区添加完成后,可以通过以下两种方式来检查分区:

①单击"视图"→"用户界面",勾选"系统浏览器",在弹出的"系统浏览器"中选择"视图"下的"分区",可以查看分区状态。

②点击列设置按钮 ，在弹出的"列设置"对话框中,在"常规"下勾选用户所需查看的分区中空间信息,见图4-28。

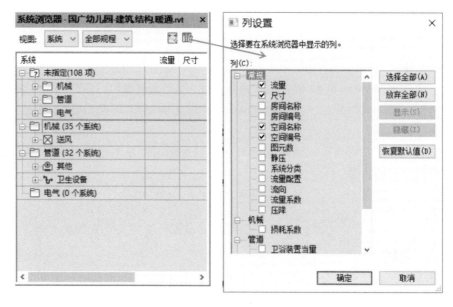

图4-28

3.分区设置

在"系统浏览器"中,选中分区单击右键选择"属性"或者选中当前视图中的分区单击右键选择"属性",打开功能区中的"属性"对话框,在"能量分析"下定义分区的设备类型、制冷、加热和新风信息等参数,见图4-29。

（1）设备类型。

选择分区使用的加热、制冷或加热制冷设备类型。用户可在下拉菜单中，按照设计要求选择空调设备类型，见图 4-30。

 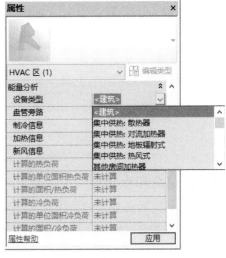

图 4-29　　　　　　　　　　图 4-30

（2）盘管旁路。

制造商的盘管旁路系数，用来衡量效率的参数，表示通过盘管但未受盘管温度影响的分区。

（3）制冷信息。

打开"制冷信息"对话框，包含四个选项，见图 4-31。

①制冷设定点：分区中所有空间要达到并保持的制冷空调温度，每个分区只能指定一个设定点，因为默认每个分区使用一个温度调节装置控制所有空调。

②制冷空气温度：分区中所有空间进行制冷的进风温度。

③湿度控制：勾选后，计算再热负荷。

④除湿设定点：分区中的所有空间维持的相对湿度。

（4）加热信息。

打开"加热信息"对话框，包含四个选项，见图 4-32。

图 4-31　　　　　　　　　　图 4-32

①加热设定点：分区中所有空间要达到并保持的加热空调温度。

②加热空气温度：分区中所有空间进行加热的送风湿度。

③湿度控制：勾选后，计算再热负荷。

④湿度设定点：分区中的所有空间维持的相对湿度。

（5）新风信息。

打开"新风信息"对话框中，包含下列三个选项，见图4-33。

①每人的新风量：分区中所有空间，每人所需的最小新风量。

②每区域的新风量：分区中所有空间，每平方米所需要的最小新风量。

③每小时换气次数：分区中所有空间的每小时最小换气次数。

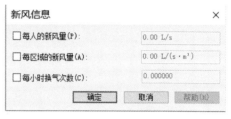

图4-33

提示

"制冷信息"中的"除湿设定点"不能低于"加热信息"的"湿度设定点"。

4.1.4 热负荷和冷负荷

完成建筑类型、空间和分区的设置后，可以根据建筑模型进行负荷计算。

单击功能区中"分析"→"热负荷和冷负荷"，打开"热负荷和冷负荷"对话框，包含"常规"和"详细信息"两个选项栏，见图4-34。

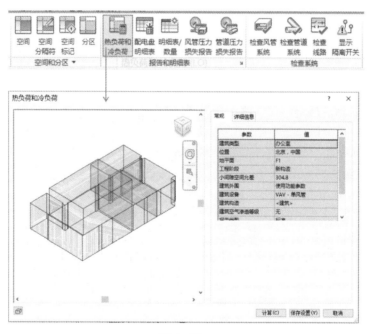

图4-34

1.常规

常规建筑信息数据包含以下信息：

（1）建筑类型：指定建筑类型，与本章"4.1.1基本设置"中介绍的"建筑/空间类型设置"中设置"建筑类型"一致。指定某一"建筑类型"后，如"办公室"，将自动调用"建筑/空间类型设置"中设置的能量分析参数进行计算。

（2）位置：与本章"4.1.1基本设置"中介绍的"地理位置"设置相同。

（3）建筑设备：该建筑采用的制冷、加热或制冷加热系统类型。例如，"风机盘管系统"
"集中供热：散热器"等。

（4）建筑构造：与本章"4.1.2 空间"中"2.空间设置"的"构造类型"设置相同，可以定义
建筑围护结构（门、屋顶、窗）的材质和导热系数（U 盘）。

（5）建筑空气渗透等级：通过建筑外围漏隙进入建筑的新风的估计量。

①松散：0.076cfm/sqft（单位）；

②中等：0.0386cfm/sqft；

③紧密：0.019cfm/sqft；

④无：不考虑空气渗透。

（6）报告类型：完成负荷计算后，生成负荷报告的详细程度，分为"简单""标准""详细"
三种。

①简单：负荷报告包含项目信息、整个建筑的负荷、各个分区的负荷及各个空间的负荷。

②标准：负荷报告在"简单"报告的基础上增加了每个分区及空间的建筑围护结构负荷。

③详细：负荷报告在前两者的基础上增加了每个楼层负荷，并且列出了每个分区及空间
在各个朝向上的建筑围护结构负荷。

（7）工程阶段：指定建筑构造的阶段，"现有"或者是"新构造"。

（8）小间隙空间允差：小间隙空间必须以平行房间边界构件形成完整边界，如回风竖井、
墙槽等都属于小间隙空间。如果"热负荷和冷负荷"的"小间隙空间允差"设定值为 500，"空
间 1"上部的墙槽在负荷计算时将默认属于空间 1，并参与负荷计算；大于"小间隙空间允差"
空间 2 上部的墙槽没有放置空间，将被作为室外考虑，不参与负荷计算。

（9）使用负荷信用：允许以负数形式记录加热或制冷"信贷"负荷。例如，从一个分区通
过隔墙传递给另一个分区的热可以是负数负荷。

2.详细信息

详细信息包含空间信息和分析表面信息，见图 4-35。

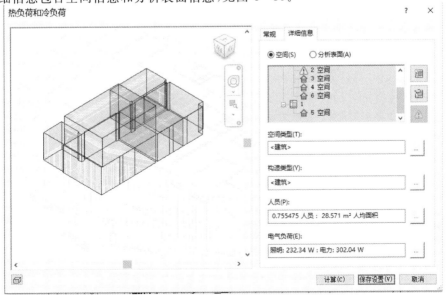

图 4-35

(1)空间信息:包含分区信息和空间信息。

当选择"空间"时,"热负荷和冷负荷"对话框中左侧窗口显示对应的空间模型。

①分区信息:所含信息与分区"属性"对话框中的"能量信息"一致。如果在分区的"属性"中已经完成设置,这里可以进行核查,如有需要可再次编辑。

②空间信息:所含信息与空间"属性"对话框中的"能量分析"信息一致。如果在分区的"属性"中已经完成设置,这里可以进行核查,如有需要可再次编辑。

提示

(1)在"详细信息"下选择下一个分区或者空间,单击高亮显示按钮 ,可以在左侧窗口中查看该分区或者空间在建筑中的位置。

在"详细信息"下选择一个分区或者空间,单击隔离按钮 ,可以在左侧窗口中隔离显示该分区或者空间,见图4-36。

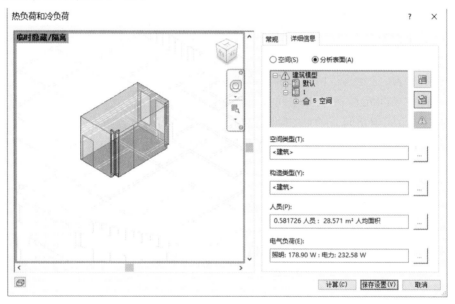

图4-36

(2)当建筑模型中的空间存在问题时,"警告"按钮 会高亮显示。选择与警告相关的空间,单击,打开"警告"对话框,可以查看警告原因。在进行负荷计算前,尽量处理所有的警告,以便得到精确的计算结果。

(2)分析表面信息:包含分区信息、空间信息以及建筑围护结构。

分区信息与空间信息的设置与选择"空间"时相同。当选择"分析表面"时,"热负荷和冷负荷"对话框中左侧窗口显示包括外墙、内墙、天花、地板等构件的分析表面模型,见图4-37。

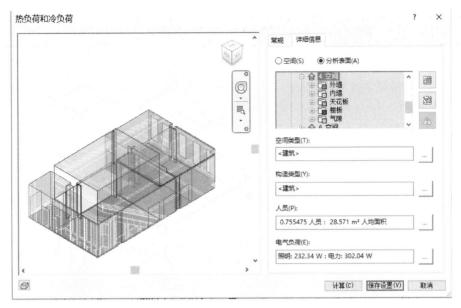

图 4-37

3.负荷报告

上述设置都核查或编辑完成后,单击"计算"即生成负荷报告,或者不执行计算,单击"保存设置"保存更新。

以二层平面的办公区域为例,完成该楼层平面的负荷计算后,打开在"项目浏览器"中"报告"的下拉菜单,双击"负荷报告(1)",可以查看负荷报告,见图4-38。

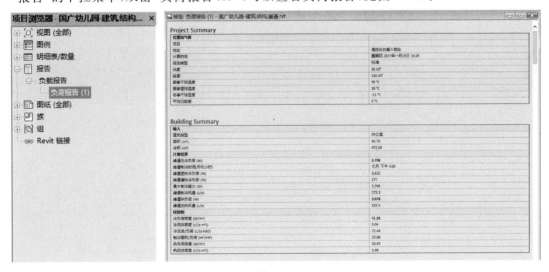

图 4-38

提示

通过修改"项目单位"可以定义负荷报告的数据格式,详见"第2章 Revit MEP 项目创建"。

4.2 风管功能

Revit MEP 2016 具有强大的管路系统三维建模功能,可以直接地反映系统布局,实现所见即所得。如果在设计初期,根据设计对风管、管道等进行设置,可以提高设计准确性和效率。本节将介绍 Revit MEP 2016 的风管功能以及基本设置。

4.2.1 风管设计参数

在绘制风管系统前,先设置风管设计参数:风管类型、风管尺寸以及风管系统。

1. 风管类型

单击功能区中"常用"→"风管",通过绘图区域左侧的"属性"对话框选择和编辑风管的类型,见图 4 – 39。Revit MEP 2016 中提供的"Mechanical-DefaultCHSCHS. ret"和"Ssys-tems-DefaultCHSCSH. rte"项目样板文件中默认设置了四种类型的矩形风管、三种类型的圆形风管和四种类型的椭圆风管,默认的风管类型跟风管连接方式有关。

单击"编辑类型",打开"类型属性"对话框,可以对风管类型进行配置,见图 4 – 40。

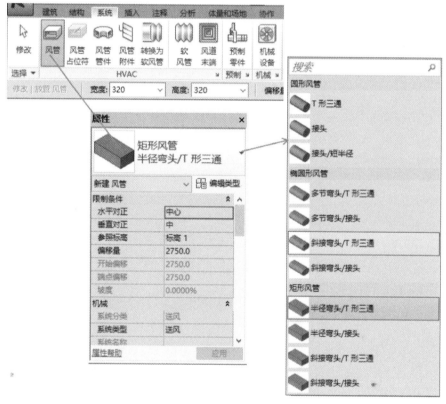

图 4 – 39

图 4 - 40

（1）使用"复制"命令可以根据已有风管类型添加新的风管类型。

（2）根据风管材料设置"粗糙度"，用于计算风管的沿程阻力。

（3）通过在"管件"列表中配置各类型风管管件族，可以指定绘制风管是自动添加到风管管路中的管件，也可以手动添加管件到风管系统中。以下管件类型可以在绘制风管时自动添加到风管中：弯头、T 型三通、接头、交叉线（四通）、过渡件（变径）、多形状过渡件矩形到圆形（天圆地方）、多形状过渡件矩形到椭圆形（天圆地方）、多形状过渡件椭圆形到圆形（天圆地方）和活接头。不能在"管件"列表中选取的管件类型，需要手动添加到风管系统中，如 Y 型三通、斜四通等。

（4）通过编辑"标识数据"中的参数为风管添加标识。

2．风管尺寸

在 Revit MEP 2016 中，通过"机械设置"对话框查看、添加、删除当前项目文件中的风管尺寸信息。

（1）打开"机械设置"对话框。

打开"机械设置"对话框有以下方式：

①单击功能区中"管理"→"MEP 设置"→"机械设置"，见图 4 - 41。

②单击功能区的"系统"→"机械 ⬐"，见图 4 - 42。

图 4 - 42

图 4 - 41

113

③直接键入 MS。

(2)添加/删除风管尺寸。

打开"机械设置"对话框后,单击"矩形"/"椭圆形"/"圆形"可以分别定义对应形状的风管尺寸,见图 4-43。单击"新建尺寸"或者"删除尺寸"按钮可以添加和删除风管的尺寸。软件不允许复制添加列表中已有的风管尺寸。如果在绘图区域已绘制了某尺寸的风管,该尺寸在"机械设置"尺寸列表中将不能删除。如需删除该尺寸,可以先删除项目中的风管,再删除"机械设置"尺寸列表中的尺寸。

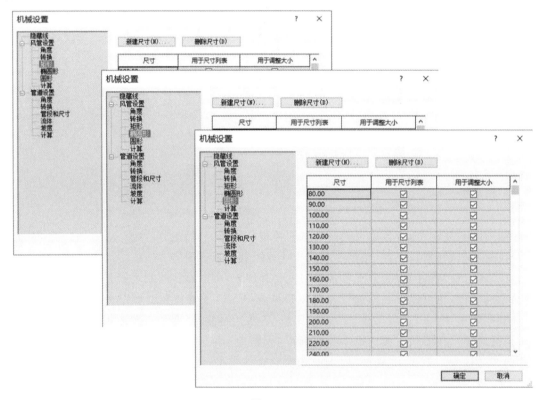

图 4-43

3.尺寸应用

通过勾选"用于尺寸列表"和"用于调整大小"可以定义风管尺寸在项目中的应用。如果勾选某一风管风管尺寸的"用于尺寸列表",该尺寸就会出现在风管布局编辑器和"修改|放置风管"中风管"宽度"/"高度"/"直径"下拉列表中,在绘制风管时可以直接选用,也可以直接选择选项栏中"宽度"/"高度"/"直径"下拉列表中的尺寸,见图 4-44。如果勾选某一风管尺寸的"用于调整大小",该尺寸可以应用于软件提供的"调整风管/管道大小"功能。

图 4-44

4. 其他设置

在"机械设置"对话框"风管设置"选项中,可以对风管尺寸标注以及风管内流体属性参数等进行设置,见图 4-45。

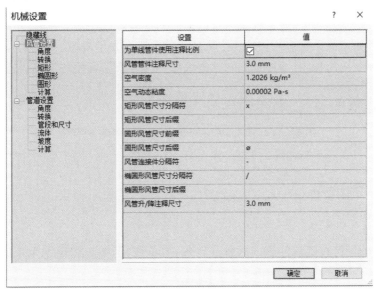

图 4-45

面板中具体参数意义如下:

(1)为单线管件使用注释比例:如果勾选该项,在平面视图中风管管件和风管附件在粗略显示程度下,将会以"风管管件注释尺寸"参数所指定的尺寸显示。默认情况下,这个设置是勾选的。如果取消勾选,后续绘制的风管管件和风管附件族将不再使用注释比例显示,但之前已经布置到项目中的风管管件和风管附件族不会更改,仍然使用注释比例显示。

(2)风管管件注释尺寸:指定在单线视图中绘制的风管管件和风管附件的出图尺寸,无论图纸比例多少,该尺寸始终保持不变。

(3)空气密度:每立方米空气所具有的质量,用于风管水力计算,单位 kg/m^3。

(4)空气动态粘度:空气粘滞系数,与空气温度有关,用于风管水力计算,单位 $Pa \cdot s$。

(5)矩形风管尺寸分隔符:显示矩形风管尺寸标注的分隔符号,例如 500mm×500mm。

(6)矩形风管尺寸后缀:指定附加到根据"实例属性"参数显示的矩形风管尺寸后面的符号。

(7)圆形风管尺寸后缀:指定附加到根据"实例属性"参数显示的圆形风管尺寸后面的符号。

(8)风管连接件分隔符:指定在使用两个不同尺寸的连接件之间用来分隔信息的符号。

(9)椭圆形风管尺寸分隔符:显示椭圆形风管尺寸的符号,例如 500mm/500mm。

(10)椭圆形风管尺寸后缀:指定附加到根据"实例属性"参数显示的椭圆形风管尺寸后面的符号。

(11)风管升/降注释尺寸:指定在单线视图中绘制的升/降注释的打印尺寸。无论图纸比例多少,该尺寸始终保持不变。

4.2.2 风管绘制

本节主要介绍风管占位符和风管管路的绘制,以及风管管件和附件的使用。

1.风管占位符

风管占位符用于风管的单线显示,不自动生成管件。风管占位符与风管可以相互转换。在项目初期可以绘制风管占位符代替风管以提高软件的运行速度。风管占位符支持碰撞检查功能,不发生碰撞的风管占位符转换生成的风管也不会发生碰撞。

在平面视图、立面视图、剖面视图和三维视图中均可绘制风管占位符。进入风管占位符绘制模式有以下方式:

①单击功能区中"分管占位符",见图4-46。

图 4-46

②选中绘图区已布置构件族的风管连接件,右击鼠标,单击快捷菜单中的"绘制风管占位符"。

进入风管占位符绘制模式后,"修改|放置风管占位符"选项卡和"修改|放置风管占位符"选项栏被同时激活,见图4-47。

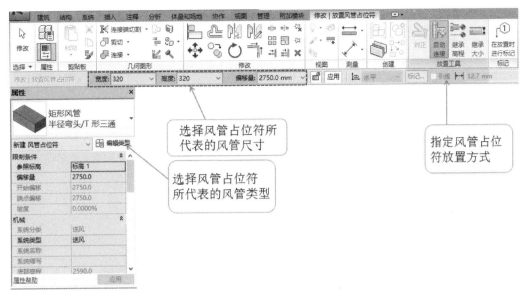

图 4 - 47

以绘制矩形风管占位符为例,按照以下步骤手动绘制风管占位符:

①选择风管占位符所代表的风管类型。在风管"属性"对话框中选择风管类型。

②选择风管占位符所代表的尺寸。单击"修改|放置风管占位符"选项栏上"宽度"或"高度"的下拉按钮,选择在"机械设置"中设定的风管尺寸,也可以直接在"宽度"和"高度"输入需要的绘制尺寸。

③指定风管占位符偏移。默认"偏移量"是指分管占位符所代表的风管中心线相对于当前平面标高的距离。在"偏移量"选项中单击下拉按钮,可以选择项目中已经用到的风管偏移量,也可以直接输入自定义的偏移量数值,默认单位为毫米。

④指定风管占位符的放置方式。默认勾选"自动连接",可以选择是否勾选"继承大小"和"继承高程"。放置方式详见本小节的"3.基本风管绘制"中"(4)指定风管放置方式"。注意,风管占位符代表风管中心线,所以在绘制时不能定义"对正"方式。

⑤指定风管占位符的起点和终点。将鼠标移至绘图区域,单击鼠标指定起点,移动至终点位置再次单击,完成一段风管占位符的绘制。可以继续移动鼠标绘制下一管段。绘制完成后,按"Esc"键或者右击鼠标,单击快捷菜单中的"取消",退出风管占位符绘制命令。

2.风管占位符与风管的转换

风管占位符与风管可以相互转换。以风管占位符转换成矩形风管为例,选择需要转换的风管占位符,激活"修改|风管占位符"选项栏,可以在风管"属性"对话框中选择所需要转换的风管类型;通过单击"修改|风管占位符"选项栏上的"宽度"或"高度"的下拉按钮,选择风管占位符所代表的风管尺寸,如果在下拉列表中没有需要的尺寸,可以直接在"宽度"和"高度"中输入需要绘制的尺寸;单击"转换占位符",即可将风管占位符转换为风管,见图4-48。

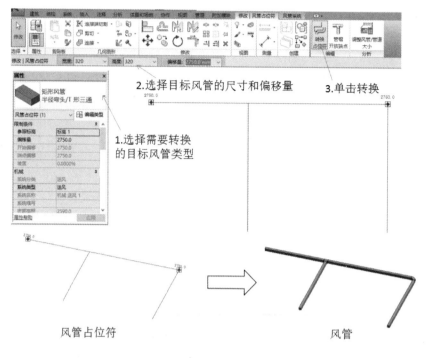

2.选择目标风管的尺寸和偏移量
3.单击转换
1.选择需要转换的目标风管类型
风管占位符
风管

图 4－48

3.基本风管绘制

在平面视图、立面视图、剖面视图和三维视图中均可绘制风管。

进入风管绘制模式有以下方式：

①单击功能区中的“风管”命令，见图 4－49。

建筑
结构
系统
插入
注释
分析
体量和场地
协作
风管
风管占位符
风管管件
风管附件
转换为软风管
软风管
风道末端
预制零件
机械设备
HVAC
预制
机械

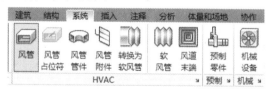

图 4－49

②选中绘图区已布置构件族的风管连接件，右击鼠标，单击快捷菜单中的“绘制风管”。

③选中绘图区已布置构件族，单击风管连接件图标，见图 4－50。

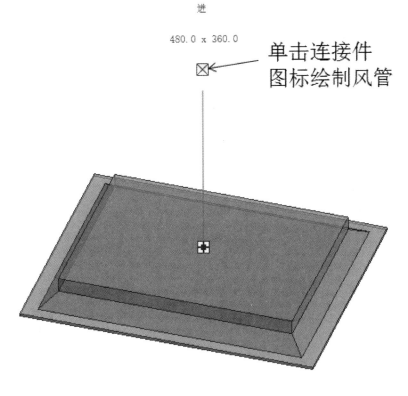

进

480.0 x 360.0

单击连接件
图标绘制风管

图 4 - 50

④直接键入 DT。

进入风管绘制模式后,"修改|放置风管"选项卡和"修改|放置风管"选项栏被同时激活,
见图 4 - 51。

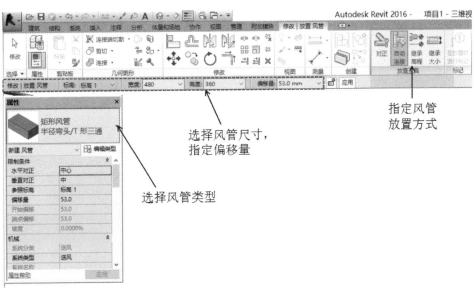

指定风管
放置方式

选择风管尺寸,
指定偏移量

选择风管类型

图 4 - 51

以绘制矩形风管为例,按照以下步骤手动绘制风管:

(1)选择风管类型。

在风管"属性"对话框中选中所需要绘制的风管类型。

(2)选择风管尺寸。

单击"修改|放置风管"选项栏上"宽度"或"高度"的下拉按钮,选择在"机械设置"中设定风管尺寸。如果在下拉列表中没有需要的尺寸,可以直接在"宽度"和"高度"输入需要绘制的尺寸。

(3)指定风管偏移。

默认"偏移量"是指风管中心线相对于当前平面标高的距离。重新定义风管"对正"方式后,"偏移量"指定距离的含义将发生变化,详见本小节"(4)指定风管放置方式"的"①对正"中"垂直对正"。在"偏移量"选项中单击下拉按钮,可以选择项目中已经用到的风管偏移量,也可以直接输入自定义的偏移量数值,默认单位为毫米。

(4)指定风管放置方式。

在绘制风管时可以使用"修改|放置风管"选项栏内"放置工具"选项卡上的命令指定所要绘制风管的放置方式,见图4-52。

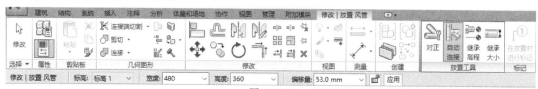

图4-52

①对正。

"对正"命令用于指定风管的对齐方式。此功能在立面和剖面视图中不可用。单击"对正",打开"对正设置"对话框,见图4-53。

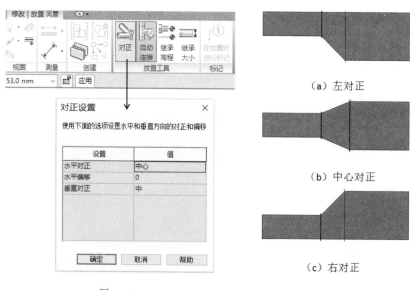

图4-53　　　　　　　　　　　　　图4-54

a.水平对正:当前视图下,以风管的"中心"、"左"或"右"侧边缘作为参照,将相邻两段风管边缘进行水平对齐。"水平对正"的效果与风管方向有关,自左向右绘制风管时,选择不同

"水平对正"方式的绘制效果,见图 4 - 54。

b.水平偏移:用于指定风管绘制起始点位置与实际风管绘制位置之间的偏移距离。该功能区多用于指定风管和墙体等参考图元之间的水平偏移距离。"水平偏移"的距离与"水平对齐"设置以及风管方向有关。见图 4 - 55。

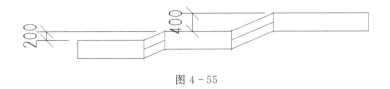

图 4 - 55

c.垂直对正:当前视图下,以风管的"中"、"底"或"顶"作为参照,将相邻两段风管边缘进行垂直对齐。垂直对正的设置决定风管"偏移量"指定的距离。

②自动连接。

"放置工具"选项卡中的"自动连接"命令用于某一段风管管路开始或结束时自动捕捉相交风管,并添加风管管件完成连接。默认情况下,这一选项是勾选的。如绘制两段不在同一高程的正交风管,将自动添加风管管件完成连接,见图 4 - 56。

如果取消勾选"自动连接",绘制两段不在同一高程的正交风管,则不会生成配件完成自动连接,见图 4 - 57。

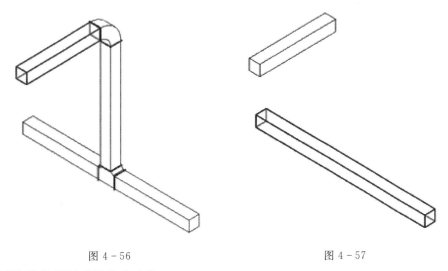

图 4 - 56   图 4 - 57

③"继承高程"和"继承大小"。

在默认情况下,这两项是不勾选的。如果勾选"继承高程",新绘制的风管将继承与其连接的风管或设备连接件的高程。如果勾选"继承大小",新绘制的风管将继承与其连接的风管或设备连接件的尺寸。

(5)指定风管起点和终点。

将鼠标移至绘图区域,单击鼠标指定风管起点,移动至终点位置再次单击,完成一段风管的绘制。可以继续移动鼠标绘制下一管段,风管将根据管路布局自动添加在"类型属性"对话框中预设好的风管管件。绘制完成后,按"Esc"键或者右击鼠标,单击快捷菜单中的"取消",退出风管绘制命令。

提示

风管绘制完成后,在任意视图中,可以使用"修改类型"命令修改风管的类型。选中需要修改的管段,单击功能区中的"类型属性",见图4-58。打开风管"属性"对话框,可以直接更换风管类型或单击"编辑类型"编辑当前风管类型。该功能支持选择多段风管(含管件)的情况下,进行风管类型的替换,除风管"机械"分组下的属性被更新外,管件也将被更新成新风管类型的配置。

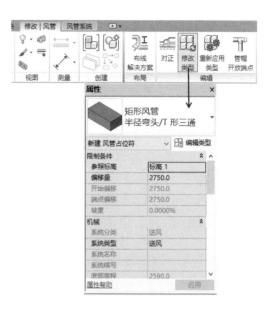

图4-58

4.风管管件的使用

风管管路中包含大量连接风管的管件。下面将介绍绘制风管管件时风管管件的使用方法和注意事项。

(1)放置风管管件。

①自动添加。绘制某一类型的风管时,通过风管"类型属性"对话框中"管件"指定的风管管件,见图4-59,可以根据风管布局自动加载到风管管路中。目前以下类型的管件可以在"类型属性"对话框中指定:弯头、T型三通、接头、交叉线(四通)、过渡件(变径)、多形状过渡件矩形到圆形(天圆地方)、多形状过渡件矩形到椭圆形(天圆地方)、多形状过渡件椭圆形到圆形、活接头。用户可根据需求选择相应的风管管件族。

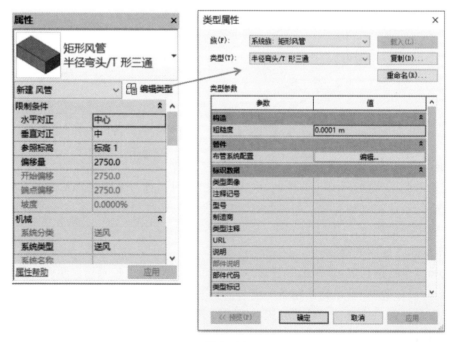

图4-59

提示

对于自动加载到风管中的"三通"或"四通"等管件,如果同时满足以下两个条件,可以在项目中自由拖动支管的倾斜角度,见图4-60。

(1)风管管件模型满足任意角度参变。

(2)风管管件的族类别必须设置成"三通"或"四通"。

②手动添加。在"类型属性"对话框中的"管件"列表中无法指定的管件类型,如偏移、Y型三通、斜T型三通、斜四通、裤衩管、多个端口(对应非规则管件),使用时需要手动插入到风管中或者将管件放置到所需位置后手动绘制风管。

提示

对于不能自动加载到风管中的管件,如Y型三通或斜三通等,即使族文件中的模型满足任意角度参变,在项目中,该管件仍然无法实现通过拖动支管改变支管的倾斜角度。以添加支管角度可变的Y型三通为例,使用该类管件时,需要遵循以下步骤:画好干管后将管件插入到所需位置,通过管件"属性"对话框将支管"角度"调整到所需值,如45°,最后手动接好支管,见图4-61。如果支管接好后,将无法再调整支管的角度。所以使用这类管件时,需要先指定支管角度,再连接支管。

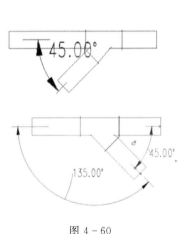

图4-60

图4-61

(2)编辑管件。

在绘图区域中单击某一管件,管件周围会显示一组管件控制柄,可用于修改管件尺寸,调整管件方向和进行管件升级或降级。

①所有连接件都没有连接风管时,可单击尺寸标注改变管件尺寸,见图4-62(a)。

②单击"⇆"符号可以实现管件沿符号方向水平翻转180°。

③单击"↻"符号可以旋转管件。注意:当管件连接了风管后,该符号不再出现,见图4-62(b)。

④如果管件的所有连接件都连接风管,可能出现"+",表示该管件可以升级,见图4-62(b)。例如,弯头可以升级为T型三通,T型三通可以升级为四通等。

⑤如果管件有一个未使用的连接风管的连接件,在该连接件的旁边可能出现"-",表示该管件可以降级,见图4-63。例如,带有未使用连接件的四通可以降级为T型三通,带有

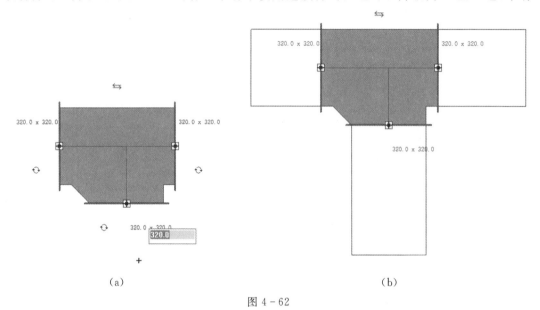

(a)   (b)

图4-62

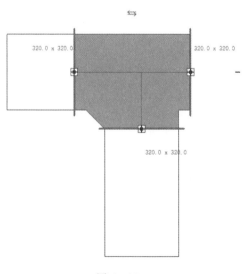

图4-63

未使用连接件的 T 型三通可以降级为弯头等。如果管件上有多个未使用的连接件,则不会显示加减号。

5.风管附件放置

在平面视图、立面视图、剖面视图和三维视图中均可放置风管附件。单击"系统"→"风管附件",在"属性"对话框中选择需要的风管附件插入到风管中,见图 4 - 64。

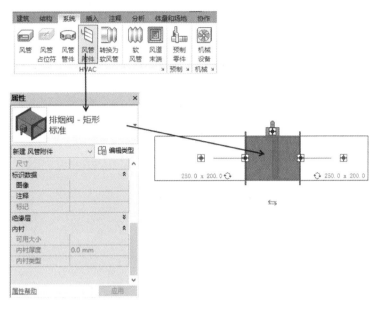

图 4 - 64

不同部件类型的风管附件,插入到风管中,安装效果不同。部件类型为"插入"或"阻尼器"(对应阀门)的附件,插入到风管中将自动捕捉风管中心线,单击鼠标放置风管附件,附件会打断风管直接插入到风管中。部件类型为"附着到"的风管附件,插入到风管中将自动捕捉风管中心线,单击鼠标放置风管附件,附件将连接到风管一端。

6.软风管绘制

在平面视图和三维视图中可绘制软风管。

(1)激活软风管。

绘制软风管时,有以下两种方式激活软风管命令:

①单击功能区"软风管"命令,见图 4 - 65。

图 4 - 65

②右击风管、风管管件、风管附件或机械设备等的风管连接件,单击快捷菜单中的"绘制软风管"选项直接绘制软风管。

(2)手动绘制软风管。

按照以下步骤手动绘制软风管：

①选择软风管类型。在软风管"属性"对话框中选择所需要绘制的风管类型。目前Revit MEP提供一种矩形软管和一种圆形软管，见图4-66。

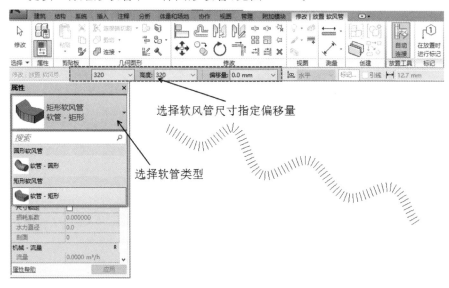

图4-66

②选择软风管尺寸。单击"修改|放置软风管"选项栏上"宽度"或"高度"的下拉按钮，选择在"机械设置"中设定的风管尺寸。如果在下拉列表中没有需要的尺寸，可以直接在"宽度"和"高度"栏中输入需要绘制的尺寸。

③指定软风管偏移。"偏移量"是指软风管中心线相对于当前平面标高的距离。在"偏移量"选项中单击下拉按钮，可以选择项目中已经用到的软风管/风管偏移量，也可以直接输入自定义的偏移量数值，默认单位为毫米。

④指定风管起点和终点。在绘制区域中，单击指定软风管的起点，沿着软风管的路径在每一个拐点单击鼠标，最后在软管终点单击"Esc"键或右击鼠标选择"取消"。如果软管的终点是连接到某一风管或某一设备的风管连接件，可以直接单击所要连接的连接件，以结束软管绘制。

（3）修改软管。

在软管上拖拽两端连接件、顶点和切点，可以调整软风管路径，见图4-67。

①连接件 ⊕：出现在软风管的两端，允许重新定位软管的端点。通过连接件，可以将软管与另一构件的风管连接起来，或断开与该风管连接件的连接。

②顶点·：沿软管的走向分布，允许修改软风管的拐点。在软风管上单击鼠标右键，在快捷菜单中可以直接"插入顶点"或"删除顶点"。使用顶点可在平面视图中以水平方向修改软风管的形状，在剖面视图或立面视图中以垂直方向修改软风管的形状。

③切点 o：出现在软管的起点和终点，允许调整软风管的首个和末个拐点处的连接方向。

（4）软风管样式。

软风管"属性"对话框中"软管样式"共提供八种软风管样式，通过选取不同的样式可以改变软风管在平面视图的显示。部分矩形软风管样式,见图 4-68。

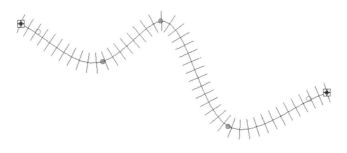

图 4-67

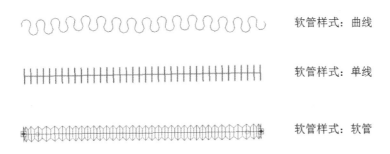

软管样式:曲线

软管样式:单线

软管样式:软管

图 4-68

7.设备接管

设备的风管连接件可以连接风管和软风管。连接风管和软风管的方法类似,在此将以连接风管为例,介绍设备接管的四种方法。

①单击设备,右击设备的风管连接件符号■,单击"绘制风管"。

✒ 技巧

从设备连接开始绘制风管时,按"空格"键,可自动根据设备连接件的尺寸和高程调整绘制风管的尺寸和高程。

②直接拖动已绘制风管到相应设备的风管连接件,风管将自动捕捉设备上的风管连接件,完成连接。

③用"连接到"功能为设备连接风管。单击需要连管的设备,单击功能区中"连接到"命令,如果设备包含一个以上的连接件,将打开"选择连接件"对话框,选择需要连接风管的连接件,然后单击该连接件所要连接的风管,完成设备与风管的自动连接,见图 4-69。

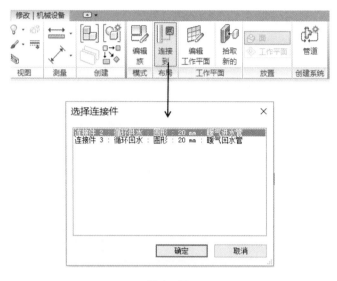

图 4 - 69

📖 提示

不能使用"连接到"命令将设备连接到软风管上。

④选中设备,单击设备的风管连接件图标,"创建风管",见图 4 - 70。

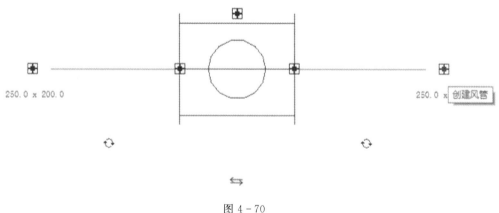

图 4 - 70

8.风管的隔热层和内衬

(1)添加风管隔热层和内衬。

Revit MEP 2016 可以为风管管路直接添加隔热层和内衬。选中所要添加的隔热层/内衬的管段,激活功能区"风管隔热层""风管衬层"选项卡。

①添加隔热层:单击"添加隔热层",打开"添加风管隔热层"对话框,选择需要添加的"隔热层类型",输入需要添加的隔热层"厚度",单击"确定",见图 4 - 71。

②添加内衬:单击"添加内衬",打开"添加风管内衬"对话框,选择需要添加的"内衬类型"(此处命令翻译有误,应为内衬类型,而非隔热层类型),输入需要添加的内衬的"厚度",单击"确定"。

图 4 - 71

🌾 提示

选中带有隔热层或内衬的风管后,进入"修改|风管"选项卡,可以进行"编辑隔热层"/
"删除隔热层"或"编辑内衬"/"删除内衬"等操作,见图 4 - 72。

图 4 - 72

(2)设置隔热层和内衬。

在添加隔热层和内衬时,可以选择隔热层和内衬的类型和编辑高度,见图 4 - 73,也可以
单击"编辑类型"对材质等内容进行编辑,见图 4 - 74。

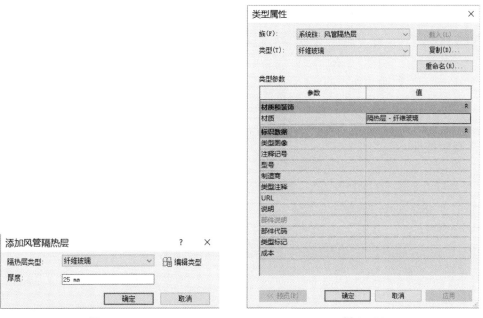

图 4 - 73

图 4 - 74

4.2.3 风管显示

1.视图详细程度

Revit MEP 2016 的视图可以设置为三种详细程度:粗略、中等和精细。

在粗略程度下,风管默认为单线显示;在中等和精细程度下,风管默认为双线显示,见表 4-1。风管在三种详细程度下的显示不能自定义修改,必须使用软件设置。在创建风管管件和风管附件等相关族时,应注意配合风管显示特性,尽量使风管管件和风管附件在粗略详细程度下单线显示,中等和精细视图下双线显示,确保风管管路看起来协调一致。

表 4-1 风管在不同详细程度下的显示

详细程度		粗略	中等	精细
矩形风管	平面视图			
	三维视图			

2.可见性/图形替换

单击功能区中"视图"→"可见性/图形替换",或者通过快捷键 VG 或 VV 打开当前视图的"可见性/图形替换"对话框。在"模型类别"选项中可以设置风管、风管占位符、风管内衬、风管隔热层、风管管件、风管附件的可见性,还可以分别设置风管族的子类别,如升、降等控制不同子类别的可见性。图 4-75 的设置表示风管族中所有子类别都可见。

"模型类别"选项卡中右侧的"详细程度"选项可以控制风管族在当前视图显示的详细程度。默认情况下详细程度选择"按视图",根据视图的详细程度设置显示风管。如果风管族的详细程度设置为"粗略"或者"中等"或者"精细",风管的显示将不依据当前视图的详细程度的变化而变化,只根据选择的"详细程度"显示。如某一视图的详细程度设成"精细",风管的详细程度通过"可见性/图形替换"对话框设成"粗略",风管在该视图下将以"粗略"程度的单线显示。

3.风管图例

平面视图中的风管,可以根据风管的某一参数进行着色,帮助用户分析系统。具体方法详见本章"4.3.5 系统分析"中的"3.颜色填充"。

风管的升降符号图例请参见本章"4.3.3 系统创建"中的"2.风管系统"。

4.隐藏线

"机械设置"对话框中"隐藏线"的设置,主要用来设置图元之间交叉、发生遮挡关系时的显示,见图 4-76。

图 4-75

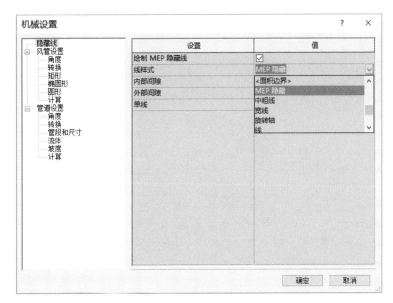

图 4-76

4.2.4　风管标注

风管标注和水管标注的方法基本相同,详见第 3 章的"3.1.4 管道标注"。这里强调一点,用户可以直接使用功能区中"注释"→"高程点"标注风管标高,也可以自定义注释族标记风管标高。族类型为"风管标记"的风管注释族,也可以标记与风管相关的参数。如添加"底部高程"作为标签,将标注风管的管底标高;添加"顶部高程"作为标签,将标注风管的管顶标高。

4.3 空调风系统

本节主要介绍使用 Revit MEP 2016 进行空调风系统设计的方法和要点。由于 Revit MEP 2016 本身的灵活性,暖通空调设计流程的多样性,设计时可根据实际情况调整顺序。下面以一个项目的一层办公室区域的风机盘管+新风系统为例,详细介绍创建空调风系统的具体步骤和技巧。

4.3.1 项目准备

1.项目创建

根据建筑专业提供的建筑模型创建项目文件:创建暖通空调各视图,并对视图进行可见性设置、视图范围等。其创建和设置方法详见"第 2 章 Revit MEP 的项目创建"。

2.负荷计算和系统选择

打开项目文件,根据建筑的分隔、朝向、形状和进深合理地划分空间,一楼办公区域共划分为四个空间。由于办公区域使用情况、设计温度和负荷变化规律基本相同,将这个空间划分到一个温度控制分区,见图 4-77。分区指定后,进行负荷计算。空间、分区的划分和负荷计算详见本章"4.1 负荷计算"。根据负荷计算结果,办公区域的冷负荷为 $140 \mathrm{W/m^2}$,见图 4-78。根据建筑功能,采用"风机盘管+新风系统"。

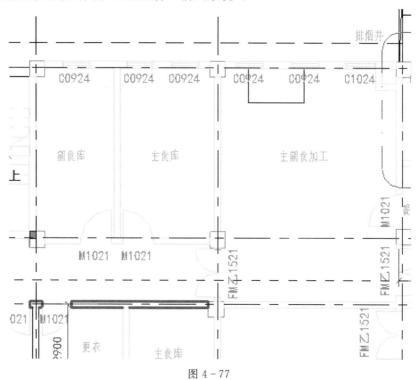

图 4-77

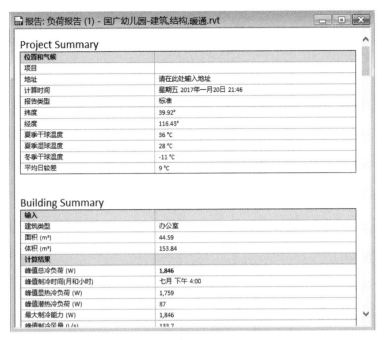

图 4－78

3.载入族

Revit MEP 2016 自带大量的与暖通设计相关的构件族,默认安装的情况下,构件族都存放在以下路径:C\ProgramData\Autodesk\RME2016\Librarues\China。

与暖通设计相关的构件族的文件夹名称及其子文件夹名称见表4－2。

表 4－2　暖通构件族

文件夹名称	子文件夹名称	存放的构件族
风管	JGJ 141 配件	带法兰的风管管件,符合《JGJ 141－2004 通风管道施工技术规程》标准,按形状分类存放。包含多种类型的配件:弯头、T 型三通、Y 型三通、四通等
	附件	调节阀、防火阀、平衡阀、过滤器等
	配件	非法兰的风管管件,按形状分类存放。包含多种类型的配件:弯头、T 型三通、Y 型三通、四通等,符合 ASHRAE 手册风管配件标准

文件夹名称	子文件夹名称	存放的构件族
机械构件	常规构件	介质既不是水也不是空气的设备,例如,分体式空调的室外机、冷凝器等
	出水侧构件	提供水处理的设备,例如,冷水机组、冷却塔、水泵、锅炉、软水器等
	通风侧设备	提供空气处理或为房间提供空调服务的设备,例如,空调机组、风机、空调末端、加热盘管、风道末端、散热器、空气压缩机等
	连接件	各种系统分类的风管连接件。将连接件附着在设备上即可连接各种系统分类的风管。主要用于建筑专业,在方案初期摆放一些不带连接件的暖通专业的占位设备,将连接件族加到设备上,可进行风管连接,粗略检查建筑空间的布置
管道	阀门	按用途分类存放:安全阀、蝶阀、多用途阀、浮标阀、隔膜阀等
	附件	滤器、吸入散流器、温度计量器,压力计量器等
	配件	按材料分类存放。其中刚塑复合、PVC - U、钢法兰、PE、不锈钢材料的管件是按照中国规范创建的。它们的文件名指明了规范号,如 GBT 5836、CJT 137 等

根据负荷计算结果和空调系统形式,将本项目所需的构件族载入到项目文件中,如风机盘管、风口、风管配件、阀门、管路附件和配件等。根据设计需要,可修改族库中现有的族或创建新的族。

4.风管配置

根据载入的风管管件族,对风管类型以及不同的风管系统分类进行配置,具体设置方法见本章"4.2.1 风管设计参数"。

4.3.2 设备布置

该区域空调系统主要由吊顶式风机盘管+空气处理机组+送风口组成,选用天花板式送风散流器为送风口。根据建筑布局将送风口布置在天花板上,吊顶式风机盘管布置在吊顶内,新风机组安装在空调机房内,见图 4 - 79。

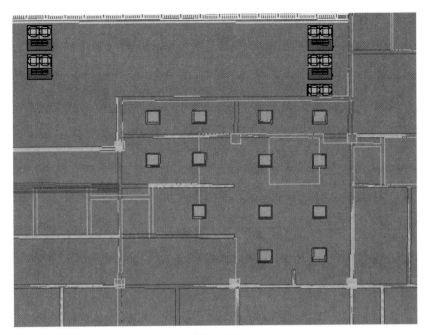

图 4 - 79

技巧

（1）安装在天花板上的风口，可以直接选用"基于面的公制常规模型.rft"模板创建的风口。Revit MEP 2016 自带族库中，这类风口的名字常带有后缀"基于面附着"或者"天花板安装"等。这类风口添加到项目中，可以直接捕捉所要附着的面，如天花板、墙面等。

（2）使用"公制常规模型.rft"模板创建的风口，无法自动捕捉所要附着的面。在布置时，可以先放置一个风口，并在风口"属性"对话框中调整该风口的偏移量，也就是标高，见图 4-80。再将这个风口复制到其他位置。这种方法可以避免每添加一个风口就要修改一次风口标高的繁琐工作。布置好的风口可通过"属性"对话框选择所需要的类型。

图 4 - 80

（3）旋转设备有两种方法：

①选择已放置的设备，单击功能区中"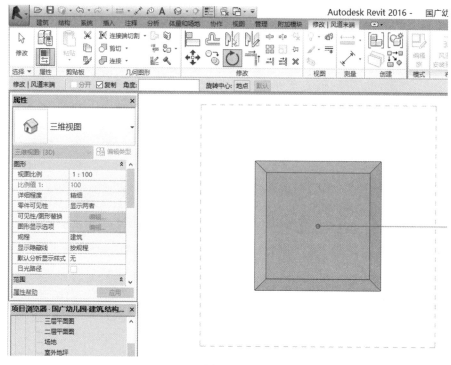"，输入"角度"指定旋转方向，见图4-81。默认的旋转中心是图元的插入点，如果需要自定义旋转中心，可以单击"地点"，指定旋转中心。

②在放置设备时，直接按"空格键"进行90°方向旋转；对已经放置的设备，单击设备，按"空格键"也可以进行90°方向旋转。

图4-81

4.3.3 系统创建

Revit MEP 2016通过逻辑连接和物理连接两方面实现空调系统的设计。逻辑连接是指Revit MEP 2016中所定义的设备与设备之间的从属关系，从属关系通过族的连接件进行信息传递，所以设备间的逻辑关系实际上就是连接件之间的逻辑关系。在Revit MEP 2016中，正确设置和使用逻辑关系对于系统的创建和分析起着至关重要的作用。本小节系统创建指的就是设备逻辑关系的创建。Revit MEP 2016中定义的逻辑关系可概括为下面这幅亲子图，见图4-82。

1. 逻辑关系特性

（1）创建逻辑系统需要从"子"级设备开始创建，再将"父"级设备通过"选择设备"命令添加到系统中，逻辑关系中只允许通过"选择设备"命令指定一个"父"级设备。

（2）所有需要其他设备提供资源或者服务的连接件的"流量配置"都要设成"预设"，该连接件在系统中处于"子"级。例如，送风散流器需要组合式空调箱提供处理后的空气，送风散流器的连接件就要设成"预设"。同样，对于回风百叶来说，回风需要送到组合式空调箱进行处理（也就是需要组合式空调箱提供回风处理服务），回风百叶的连接件的"流量配置"也设成"预设"。

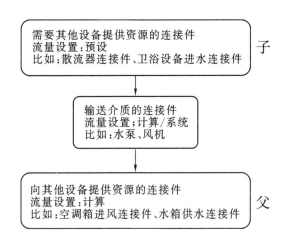

图 4 - 82

（3）如果系统中有几个设备需要同时承担"父"级的作用，如 A、B 和 C，可将其中任意一个设备 A 通过"选择设备"添加到系统中，然后完成该系统中所有设备的风管/管道连接。再进入"编辑系统"界面，使用"添加到系统"命令将设备 B 和 C 添加到系统中。"父"级设备 A、B、C 相应的连接件的"流量系数"，如 A 的流量系数＝（A 设备实际流量/该系统实际流量的总和），A、B、C 的流量系数的和等于 1。

2．风管系统

Revit MEP 2016 将风管系统作为系统族添加到项目文件中，方便用户创建客制化的风系统。Revit MEP 2016 中定义了三种风管系统分类："送风""回风""排风"。打开项目浏览器，单击风管系统，可以查看项目中的预置风管系统，见图 4 - 83。

提示

可以基于预定义的三种系统分类来添加新的风管系统类型，如可以添加多个属于"送风"分类下的风管系统类型，如办公室送风 1 和办公室送风 2 等。但不允许定义新风管道系统分类，如不能自定义添加一个"新风"系统分类。

右击任一风管系统，可以对当前风管系统进行编辑，见图 4 - 84。

（1）复制。

可以添加与当前系统分类相同的系统。

（2）删除。

删除当前系统。如果当前系统是该系统分类下的唯一一个系统，则该系统不能删除，如果当前系统类型被项目中某个风管系统使用，该系统也不能删除，软件会自动弹出一个错误报告，见图 4 - 85。

（3）重命名。

可以重新定义当前系统名称。

（4）选择全部实例。

可以选择项目中所有属于该系统的设备实例。

图 4 – 83　　　　　　　　　　　　图 4 – 84

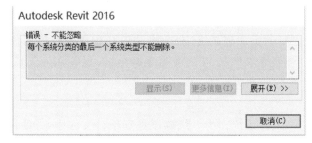

图 4 – 85

（5）类型属性。

单击类型属性,打开风管系统"类型属性"对话框,可以对该风管系统进行个性化设置,见图 4 – 86。

①"图形"分组下的"图形替换":用于控制风管系统的显示。单击"编辑"后,在弹出的"线图形"对话框中,定义风管系统的"宽度"、"颜色"和"填充图案";该设置将应用于属于当前风管系统的图示,除风管外,可能还包括管件、阀门和设备等。

②"材质和装饰"分组下的"材质":可以选择该系统所采用风管的材料;单击右侧按钮后,弹出材质对话框,可定义风管材质并应用于渲染。

③"机械分组"下的参数如下:

a.计算:控制是否对该系统进行计算,"全部"表示计算流量和压降,"仅流量"表示只计算流量,"无"表示流量和压降都不计算。

b.系统分类:该选项始终灰显,用来获知该系统类型的系统分类。

④标示数据:可以为系统添加自定义标识,方便过滤或选择该风管系统。

⑤"上升/下降"分组下的"上升/下降符号":不同的系统类型可定义不同的升降符号,见图 4 – 87。单击"升降符号"相应"值",单击 ，打开"选择符号"对话框,选择所需的符号。在先前的版本中,只能在"机械设置"中"升降"对项目中的所有风管设置统一的升符号和降符号。

图 4 - 86

📎 提示

(1)在剖面或立面视图中对风管进行标注,有时可能无法捕捉到风管边界。需要在"可见性/图形替换"对话框中取消勾选风管的"升"和"降"子类别,才能捕捉到风管边界,见图4-88。

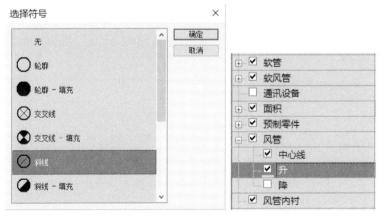

图 4 - 87   图 4 - 88

(2)在"机械设置"中,可以对预定义的三种系统分类(送风、回风和排风)的风管进行设置。这些设置将自动用于生成相应系统分类的风管布局。不同系统分类的干管和支管也可以在"生成布局"选项栏中定义,在"生成布局"选项栏定义的不同系统分类的风管设置会自动同步更新到"机械设置"中。

3.设计实例

下面以风机盘管系统送风管路为例,介绍送风系统逻辑连接创建步骤。

（1）创建送风系统。

单击送风口进入"修改|风道末端"选项卡，单击"风管"，打开"创建风管系统"对话框。在"创建风管系统"对话框中，单击"系统类型"下拉菜单，选择项目中已经创建的系统类型，在"系统名称"中可以自定义所创建系统的名称，如果勾选"在系统编辑器中打开"，可以在创建系统后直接进入系统编辑器，见图4-89。

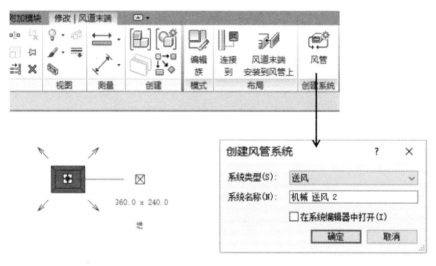

图4-89

（2）选择系统设备。

如果勾选"在系统编辑器中打开"，可以在创建系统后直接进入系统编辑器，单击选项卡中"选择设备"，选择对应的风机盘管作为送风系统的"设备"，见图4-90。

如果不勾选"在系统编辑器中打开"，系统创建后，在"修改|风管系统"选项卡，单击选项卡中"选择设备"，选择对应的风机盘管作为该送风系统的"设备"，也可以单击选项卡中"编辑系统"，见图4-91。

图4-90   图4-91

指定设备后，如果单击"断开与设备的连接"，可将选择的设备从系统中断开。

（3）编辑系统。

单击系统中的图元，打开"风管系统"选项卡，在"系统选择器"中选择需要编辑的系统，单击"编辑系统"进入"编辑风管系统"选项卡,同时在绘图区域,属于该系统的图元将高亮显示,见图4-92。

图4-92

在"编辑风管系统"选项卡中可进行如下操作:

①添加到系统:将其他设备或风口添加到当前系统中。如果系统中包含多个风口,可以通过单击"添加到系统中"选择其他送风口添加到该系统中。

②从系统中删除:从当前系统中删除非"设备"图元。单击"从系统中删除",然后选择需要删除的设备,从系统中删除。

③选择设备:为系统指定"设备",系统只能指定一个"设备"。与"风管系统"选项卡中的"选择设备"功能相同。

④系统设备:显示系统指定的"设备"。可以通过下拉菜单选择其他设备作为系统的指定"设备"。如果需要删除系统中的"设备",除使用前面讲的"断开与设备的连接"命令外,还可以通过在下拉菜单中选择"无"删除设备。

⑤完成编辑系统:完成系统编辑后,单击该命令可退出"编辑风管系统"选项卡。

⑥取消编辑系统:单击该命令取消当前编辑操作并退出"编辑风管系统"选项卡。

(4)系统浏览器。

创建好的逻辑系统可以通过系统浏览器进行检查。打开系统浏览器有以下几种方法:

①按"F9"键打开系统浏览器。

②单击功能区中"视图"→"用户界面",勾选"系统浏览器"。

在系统浏览器中,可以了解项目中所有系统的主要信息,包含系统名称和设备等。右击系统或图元名称,可以进行选择、显示、删除、查看属性等操作。如果项目中设备的连接件没有指定给某一逻辑系统,将被放到"未指定"系统中,见图4-93。软件每次刷新都会自动监测未指定系统的连接件。如果未指定系统的连接件过多,就会影响运行速度。所以,最好将设备的连接件指定给某一系统。

在系统浏览器标题中,可以对系统浏览器进行视图和列设置,见图4-94。

视图:单击标题栏中"系统",定义浏览器的显示类别。默认设置是"系统",即显示项目中水、暖、电的逻辑系统。如果选择"分区",将显示项目定义的分区列表,当浏览器选择"系统"时,单击标题栏中的"全部规程"可以定义显示的规程。默认设置显示"全部规程",即显示水、暖、电三个专业的系统。

自动调整所有列 ：根据显示内容自动调整所有列宽。

列设置 ：单击"列设置",打开"列设置"对话框,可以添加不同规程下显示的信息条目。

图 4 - 93

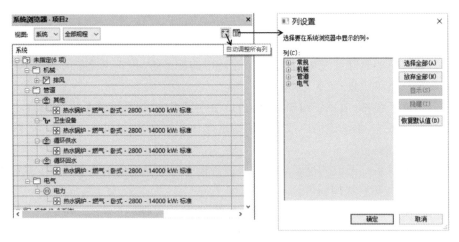

图 4 - 94

4.3.4　系统布管

系统逻辑连接完成后,就可以进行物理连接。物理连接指的是完成设备之间的风管/管道连接。逻辑连接和物理连接良好的系统才能被 Revit MEP 2016 识别为一个正确有效的系统,进而使用软件的分析计算和统计功能来校核系统流量和压力等设计参数。

完成物理连接有两种方法,一种是使用 Revit MEP 2016 提供的"生成布局"功能自动完成风管/管道布局连接,另一种是手动绘制风管/管道。"生成布局"适用于项目初期或简单的风管/管道布局,可以生成简单的布局路径,示意风管/管道大致的走向,粗略计算风管/管道的长度、尺寸和管路损失。当项目比较复杂、设备等数量很多或者当用户需要按照实际施工的图集制图,精确计算风管/管道的长度、尺寸和管路损失时,使用"生成布局"可能无法满足设计要求,通常需要手动绘制风管/管道。

4.3.5　系统分析

Revit MEP 2016 提供多种分析检测功能,协助用户完成暖通空调系统设计。"检查系统"用于检查设备连接件的逻辑连接和物理连接;"调整风管/管道大小"可以根据不同计算方法自动计算管路的尺寸;"系统检查器"可以检查系统的流量、流速、压力等信息;"颜色填充"功能可以根据某一指定参数为风管系统、水系统和空间等附着颜色,协助用户分析检查设计;"能量分析"可以在概念设计阶段对建筑体量模型进行能耗评估。

1.检查风管系统

Revit MEP 2016 提供了"检查系统"功能。单击"分析",打开"检查系统"选项卡。单击"检查风管系统","检查风管系统"将高亮显示,自动检查已指定到"机械"规程下的风管系统的图元连接件的逻辑连接和物理连接。对于未指定风管系统的图元连接件,不进行检查。如果被检查的连接件属性设置错误或物理连接不好,将显示⚠,单击⚠,查看错误报告,见图4-95。如果取消检查风管系统,再次单击"检查风管系统"即可。

图4-95

🖋 提示

(1)分别单击"检查风管系统"、"检查管道系统"和"检查线路",可以同时检查风管、管道和线路系统。

通过设置"显示隔离开关",可以显示项目中各专业未完成物理连接的连接件。单击"显示隔离开关",打开"显示断开连接选项"对话框,勾选相应规程,单击确定。以"风管"为例,勾选"风管"并"确认"后,项目中所有未完成物理连接的风管连接件均显示⚠,单击⚠,查看开放连接件信息,见图4-96。

(2)"显示隔离开关"可以检查项目中各专业所有未完成物理连接的连接件,与连接件是否指定到某规程下的特定系统无关。"显示隔离开关"只检查连接件是否完成物理连接,不检查连接件设置是否正确。

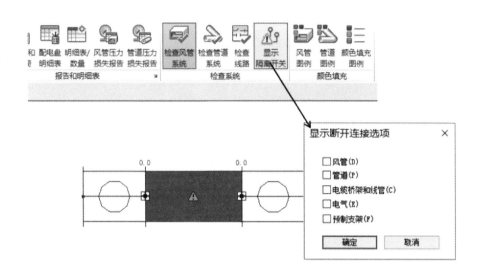

图 4 - 96

2.调整风管/管道大小

Revit MEP 2016 提供"调整风管/管道大小"功能,用以自动计算管路系统的尺寸。调整风管大小的计算方法涵盖了目前国内常用的风管计算方法:静压复得法(静态恢复)、假定流速法(速度)和等压损法(相等摩擦),括号中为 2016 版本的中文译名。在进行计算时,还可以添加限制条件,控制风管高度或者宽度等。用户可直接使用该功能进行风管尺寸的调整。具体方法为:选择所要调整的风管管路,单击"调整风管/管道大小",打开"调整风管大小"对话框,选择调整的方式和限制条件,单击"确定",见图 4 - 97。

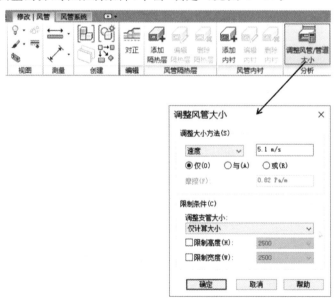

图 4 - 97

提示

(1)可以选择整个管路系统进行调整大小,也可以将管路进行分段调整。选择需要调整管路的任意一个图元后,按"Tab"键,就可以继续拾取该管路中的其他图元,直至拾取整个系统的所有图元。

(2)当无法同时满足尺寸限制条件和流量限制条件时,将优先满足尺寸限制条件。

(3)风管系统中加载的风管附件构件族,如果通过设定"标准"的族类型和使用"实例"参数关联连接件尺寸,能够实现根据风管尺寸自动调整附件尺寸。这时可以先添加风管附件,再使用"调整风管/管道大小"功能调整风管大小。而对于大多数都具有指定尺寸的风管附件构件族(如200mm×320mm等),使用"类型"参数关联连接件尺寸时,无法随风管大小自动调整尺寸,此时建议先使用"调整风管/管道大小"功能调整风管尺寸,再添加附件;附件添加后,再运行一次"调整风管/管道大小"功能,这样既可以确保计算的准确性又可以减少手动修改的工作。

3.颜色填充

Revit MEP 2016在"分析"选项卡中提供了"颜色填充"功能,见图4-98。其中,"风管图例"根据不同配色方案(如速度、流量等)将颜色图例添加到风管系统的风管上;"管道图例"根据不同配色方案(如速度、流量等)将颜色图例添加到管道系统的管道上;"颜色填充图例"根据不同配色方案(如负荷、风量、温度等)将颜色图例添加到"空间/分区"中。用户可以根据不同的配色方案的颜色填充,分析检查设计的项目。

图4-98

(1)颜色填充规则。

①"风管图例""管道图例"可以在平面视图中使用,"颜色填充图例"可以在平面、立面和剖面视图中使用。

②在某一视图中,同一类别的颜色填充只能添加一次。例如,在视图A中已经添加了"风管颜色填充流量"图例,如果再添加一份"风管图例",后添加的"风管图例"默认类别只能是"风管颜色填充流量",与第一份相同。无论编辑哪一份风管图例的方案,两份风管图例都将保持一致。

③在某一视图中,可以添加不同类别的颜色填充。例如,在视图A中可同时添加"风管图例"、"管道图例"和"颜色填充图例"。

(2)颜色填充实例。

以风管图例添加为例介绍如何添加颜色填充。

①单击"分析"→"风管图例"→选择放置图例的位置,打开"选择颜色方案"对话框。在"颜色方案"下拉菜单中选择一种颜色方案。这里选择"风管颜色填充-流量",见图4-99。如果默认颜色方案无法满足要求,可先选择一种,再使用下面介绍的"编辑方案"功能对图例进行重新设置。

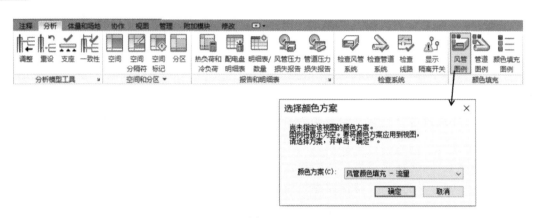

图 4-99

②单击已添加的图例，激活功能区"编辑方案"命令。单击"编辑方案"对添加的图例进行设置，见图 4-100。

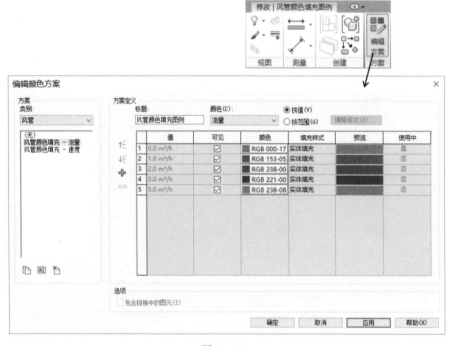

图 4-100

"编辑方案"对话框具体功能介绍如下：

a. 分别代表"复制/重命名/删除"方案。

b. 标题：定义方案标题名称。

c. 颜色：选择与风管属性相关联的属性参数定义方案颜色，如流量、流速等。

d. 按值：将所选的属性各个实例值赋以不同的颜色。可通过添加值，通过删除用户添加的值，但无法删减系统本身的实例值。

e. 按范围：将属性值划分到不同范围赋以不同的颜色。通过或者拆分范围，并且可直接在右侧对应"值"列直接输入颜色的界定值。

用户还可根据需求修改可见性、颜色、填充样式等设置。

③添加好的风管图例,用户可根据图例颜色判断风管系统设计是否符合要求。

4.能量分析

Revit MEP 2016 提供的"能量分析"用于概念设计阶段对建筑体量模型进行能耗评估。如果在扩初和施工图阶段对建设能耗进行精确分析,可以使用 Revit MEP 2016 提供的"热负荷和冷负荷"进行计算,详见本章"4.1 负荷计算",或将模型导出为 gbXML 文件,通过第三方应用程序进行计算。

在项目概念设计初期,设计师通常根据建筑功能和创意美学创建多种建筑造型,这些造型可以使用 Revit MEP 2016 中的体量模型轻松实现。创建好的体量模型可以通过 Internet 提交分析请求,进行能耗评估。设计师根据评估报告,能够轻松快速地比较不同建筑形式的耗能,进行方案决策。

4.3.6 明细表

Revit MEP 2016 的明细表功能不仅可以创建材料设备表统计项目中族的信息,还可以统计系统信息。单击"分析"→"明细表/数量",打开"新建明细表"对话框,根据需要进行选择。Revit MEP 2016 提供了多种明细表类别,暖通设计常用的明细表类别有:机械设备、风管、风管内衬、风管占位符、风管管件、风管系统、风管附件、风管隔热层、风道末端、管件、管路附件、管道、管道系统、软管等。每种类别的可用字段不同,下面以风管明细表为例说明如何使用明细表。

1.创建明细表

单击"分析"→"明细表/数量",打开"新建明细表"对话框,选择"风管",新建"风管明细表"。输入明细表名称,选择"建筑构件明细表",统计项目中所有的风管,见图 4-101。

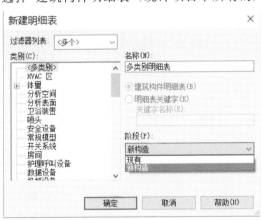

图 4-101

指定明细表的类别后,单击"确定"进入"明细表属性"对话框。在"明细表属性"对话框中可以对明细表进行详细编辑。

(1)选择"字段":字段是明细表所要统计的项目。Revit MEP 2016 为不同类别的明细表分别提供了常用字段,见图 4-102。

图 4 - 102

　　如果某类别的族文件添加了"共享参数"类型的参数,该参数会自动添加到相应类别的"可用字段"中。通过"管理"→"项目参数",添加的项目参数也可以自动添加到相应类别的"可用字段"中,见图 4 - 103。用户可以通过为相应类别的族添加"共享参数"或者添加"项目参数",添加想要在明细表中统计的字段。

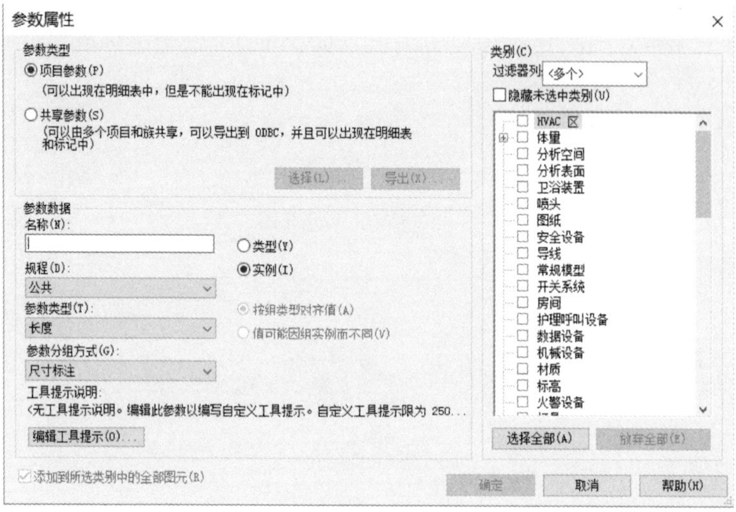

图 4 - 103

(2)编辑"过滤器"选项卡:根据过滤条件只显示满足过滤条件的信息,见图4-104。

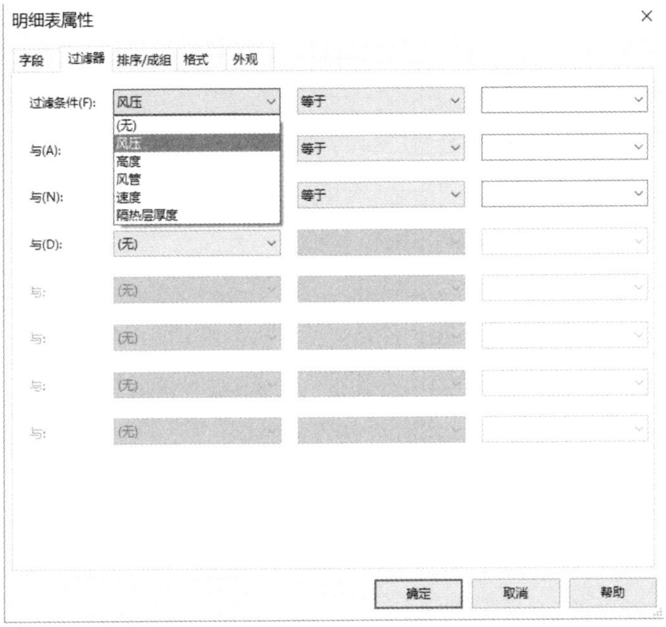

图4-104

如设置过滤条件"系统分类""等于""送风"时,明细表将只显示送风系统的风管。在过滤器中最多可以设置四个过滤条件,过滤条件从该明细表中选用的"字段"中选择。其中以下明细表字段不支持过滤:族、类型、族和类型、面积类型(在面积明细表中)、从房间到房间(在门明细表中)、材质参数等。

(3)编辑"排列/成组"选项卡:根据已添加的字段设置明细表显示顺序,见图4-105。

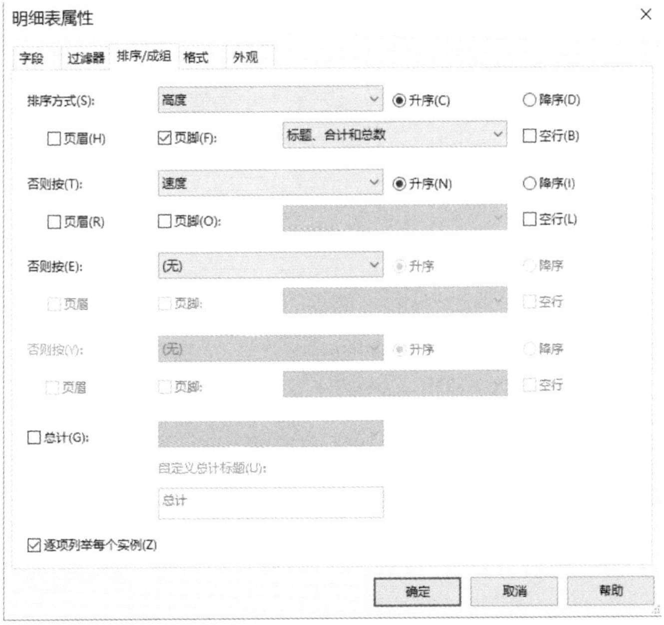

图4-105

排序条件从该明细表选用的"字段"中选择。勾选页眉、页脚以及空行可以为根据字段排序后的明细表添加页眉、页脚和空行。勾选"逐项列举每个实例"可显示某类图元类型的每个实例,取消勾选该项可将实例属性相同的图元层叠在某一行上。本例中设置以"速度"升序排序。

(4)编辑"格式"选项卡:编辑已选用"字段"的格式,见图4-106。

图4-106

在"格式"选项卡中可以对选用"字段"的标题和对齐方式进行编辑,还可以使用"条件格式"功能定义某一字段特定条件下的显示,帮助用户分析系统。如单击"条件格式",将"风速""大于或等于""5m/s"的表格背景颜色设为红色,明细表将自动统计风速大于或等于5m/s的系统,并将其变成红色高亮显示,见图4-107。用户可方便地通过条件格式标注出不符合设计要求的风管管段。

图4-107

(5)编辑"外观"选项卡:设置明细表显示,如列方向和对齐、网格线、轮廓和字体样式等,见图4-108。

图 4 - 108

明细表制作好后,可将图纸和明细表同时显示在绘图窗口中,对应系统进行检查和修改。明细表和对应系统及图元实例相关联,如果更改明细表中的数值,图元属性相应的数值也会更改,如果删除明细表中的列,对应的图元也会被删除。右击明细表任意单元格,点击"显示",可方便查找到该系统,见图 4 - 109。

〈风管明细表〉				
A	B	C	D	E
宽度	型号	系统类型	风压	高度
760 mm		送风	0.0 Pa	215 mm
760 mm		送风	0.0 Pa	215 mm
760 mm		送风	0.0 Pa	215 mm
760 mm		送风	0.0 Pa	215 mm
760 mm		送风	0.0 Pa	215 mm
760 mm		送风	0.0 Pa	215 mm
760 mm		送风	0.0 Pa	215 mm
460 mm		送风	0.0 Pa	215 mm
780 mm		送风	0.0 Pa	215 mm
760 mm		送风	0.0 Pa	215 mm
760 mm		送风	0.0 Pa	215 mm
760 mm		送风	0.0 Pa	215 mm
760 mm		送风	0.0 Pa	215 mm
760 mm		送风	0.0 Pa	215 mm
760 mm		送风	0.0 Pa	215 mm
760 mm		送风	0.0 Pa	215 mm
760 mm		送风	0.0 Pa	215 mm
760 mm		送风	0.0 Pa	215 mm
760 mm		送风	0.0 Pa	215 mm
760 mm		送风	0.0 Pa	215 mm
760 mm		送风	0.0 Pa	215 mm
760 mm		送风	0.0 Pa	215 mm
760 mm		送风	0.0 Pa	215 mm
460 mm		送风	0.0 Pa	215 mm
760 mm		送风	0.0 Pa	215 mm
760 mm		送风	0.0 Pa	215 mm
760 mm		送风	0.0 Pa	215 mm

图 4 - 109

2.计算功能

通过明细表属性设置,可以对风管系统进行简单的计算。下面以计算管路的沿程水头损失为例。

①选取从新风机组到最远送风口的风管,在"属性"对话框中"注释"输入"最不利点",见图4-110。

图4-110

②在"风管明细表"添加"注释"字段。在"过滤器"选项卡中,创建过滤条件"注释"等于"最不利点",见图4-111。

图4-111

③在"排序/成组"选项卡中,指定"压降"为排序方式,并勾选"总计",见图4-112。

图4-112

④在"格式"选项卡中,指定"压降"字段时勾选"计算总数"。

这样,新风送风系统最不利管路的沿程阻力就通过明细表计算出来了,见图4-113。

<风管明细表>					
A	B	C	D	E	F
宽度	型号	注释	系统类型	风压	高度
760 mm		最不利点	送风	0.0 Pa	215 mm
总计:1					

图4-113

4.4 空调水系统

空调系统通常包含冷冻水系统和冷却水系统两部分。不同空调水系统在Revit MEP中对应的管道系统分类不同。项目文件中的管道系统与族文件链接件设置的系统形式相对应。表4-3给出了暖通专业常用的水系统所对应的Revit MEP的管道系统分类。

表 4－3　暖通专业常用的水系统与 Revit MEP 的管道系统分类对照表

暖通专业常用水系统	Revit MEP 管道分类系统	特点
冷却水/冷冻水/采暖的供水	循环供水	介质为水,闭式系统
冷却水/冷冻水/采暖的回水	循环回水	介质为水,闭式系统
冷挤供/回、蒸汽供/回、燃气供/回	其他	介质为非水的流体
冷水排水、泄水	卫生设备	介质为水开式系统
补水	家用冷水	介质为水开式系统
可用于多种系统	全局	介质不限,可用于多种系统形式 泵等加压传输设备和阀门等管路附件

在 Revit MEP 中,空调水系统的设计流程和方法与空气系统的设计流程和方法大致相同,这里不在赘述。本节以风机盘管冷冻水供、回水系统为例,介绍空调水系统逻辑系统创建和物理连接的设计要点。

4.4.1　系统创建

通过负荷计算确定空气处理设备的冷量和风量,根据确定的空气处理设备查找样本确定冷冻水量,再根据冷冻水量选择冷水机组及所需要的供、回水设备,然后将项目所需的族载入到项目文件中。布置相应的设备后,根据"父子"关系的逻辑原则创建系统。空调水系统管路通常比较复杂,在 Revit MEP 2016 中可能需要创建多级"父子"关系的逻辑系统,本节将介绍一级冷冻水系统和二级冷冻水系统逻辑关系创建要点。

1.一级冷冻水系统

如果冷冻水从冷水机组直接供给风机盘管,只需创建一级冷冻水系统。风机盘管机组作为冷冻水消耗设备,在系统中处于"子"级;冷水机组作为冷冻水设备,在系统中处于"父"级。从风机盘管线连接件开始创建系统,选择冷水机组作为"设备"。逻辑关系见图 4－114。如果系统中有两台以上的冷水机组共同为风机盘管提供冷冻水,主要设备相应连接件设置见表 4－4。在创建系统时,先将其中其中一台冷水机组通过"选择设备"添加到系统中,然后完成该系统所有的管道连接再进入"编辑管道系统"界面,使用"添加到系统"命令将其他冷水机组添加到系统中。

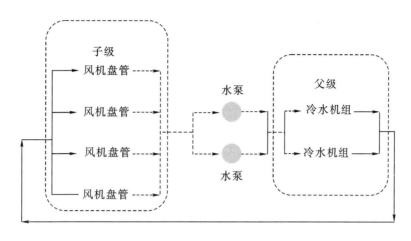

图 4 - 114

表 4 - 4　风机盘管和冷水机组连接件设置

主要设备	风机盘管		冷水机组	
连接件设置	冷冻水进口连接件	冷冻水出口连接件	冷冻水进口连接件	冷冻水出口连接件
系统形式	循环供水	循环回水	循环供水	循环回水
流量配置	预设	预设	系统	系统
流量系数	—	—	（冷水机组流量/系统流量）	（冷水机组流量/系统流量）
流量	风机盘管冷冻水流量	风机盘管冷冻水流量	—	—
流向	进	出	进	出
半径	设备进口半径	设备出口半径	设备进口半径	设备出口半径
连接件说明	自定义说明文字	自定义说明文字	自定义说明文字	自定义说明文字

🌾 提示

　　如果系统只使用一台冷水机组,冷冻水进出口连接件"流量设置"应设为"计算"。

　2.二级冷冻水系统

　　如果冷冻水出冷水机组后,先通过分水器、集水器分配再供给风机盘管,再创建二级冷冻水系统,逻辑系统关系见图 4 - 115。分水器、集水器连接件设置如表 4 - 5 所示。

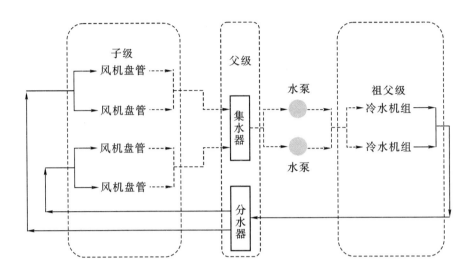

图 4 - 115

表 4 - 5 分集水器连接件设置

主要设备	分水器		集水器	
连接件设置	冷冻水进口连接件	冷冻水出口连接件	冷冻水进口连接件	冷冻水出口连接件
系统形式	循环供水	循环供水	循环回水	循环回水
流量配置	预设	计算	计算	预设
流量	冷水机组冷冻水量	—	—	冷水机组冷冻水量
流向	进	出	进	出
半径	设备进口半径	设备出口半径	设备进口半径	设备出口半径
连接件说明	自定义说明文字	自定义说明文字	自定义说明文字	自定义说明文字

⚘ 提示

　　如果分水器有两个以上供水出口,与风机盘管形成两条以上冷冻水供水管路,则每条管路都要单独创建循环供水系统。集水器的回水进口与分水器的供水出口,除流向外,设置基本相同。

　　3.传输设备

　　无论是一级冷冻水系统还是二级冷冻水系统,水泵作为加压传输设备,在系统中均不属于"子"级设备,也不属于"父"级设备。跟管路附件等相同,水泵无需添加到供、回水的逻辑系统中,只要完成水泵与系统的管道连接,就可以参与系统计算。水泵连接设置的正确与否是水泵能否正确应用于水泵系统的关键。表 4-6 给出了不同情况下水泵连接件的设置。

表 4-6 水泵连接件设置

使用工况	几台水泵并联使用		单台水泵	
连接件设置	进口连接件	出口连接件	进口连接件	出口连接件
系统形式	全局	全局	全局	全局
流量配置	系统	系统	计算	计算
流量系数	水泵额定流量/系统流量	水泵额定流量/系统流量	—	—
流向	进	出	进	出
半径	泵进口半径	泵出口半径	泵进口半径	泵出口半径
连接件说明	自定义说明文字	自定义说明文字	自定义说明文字	自定义说明文字

在连接件设置中,当"流量配置"选择"系统"的时候,"流量系数"的选项被激活。"流量系数"的取值为 0~1。推荐将"流量系数"与设置成"实例"的族参数相关联。流量系数指的不是设备实际流量与额定流量的比值,而是设备实际流量与该系统实际流量总和的比值。例如,系统所需的冷冻水总量为 450L/s,使用 3 台并联循环水泵,每台水泵的额定流量是150L/s,那么水泵的流量系数为 0.33。虽然水泵全部按照额定流量工作,但是流量系数并不是 1。

🖋 提示

流量配置设为"系统"的连接件,流向不能设为"双向",必须明确"进"或者"出"。

4.4.2 系统布管

完成空调水系统逻辑创建后,就可进行管道的物理连接。管道的连接方法跟风管类似,可以使用自动布局,也可以手动绘制。管道连接的方法和技巧详见第 3 章的"3.1.2 管线绘制"和"3.2.4 系统布管"。本节仅介绍平面重合、高程不同的供回水管的绘制方法,供读者参考。

绘制平面重合、高程不同的供回水管常用以下三种方法:

①直接在剖面上绘制管道,添加阀门等附件。

②先绘制供水管道,绘制完毕后使用"临时隐藏和隔离"功能隐藏供水系统,再绘制回水管系统。

③在"可见性/图形替换"对话框中设置"过滤器",控制供水管的可见性设置,在平面图上绘制回水系统。

前两种方法可以参照第 3 章的"3.2.4 系统布管"。下面主要介绍第三种方法,使用"可见性/图形替换"对话框设置"过滤器"绘制供水回水系统。

1.创建视图

在 HVAC 规程下复制一张平面视图,用来创建管道系统。右击已有平面的视图,单击"复制视图"→"复制",见图 4-116。

图 4 - 116

①复制:复制当前视图上的图元模型到新视图。

②带细节复制:复制当时视图的图元模型及星系图元到新视图。

③复制作为相关:多用于大型项目希望将视图剪裁成小片段放入纸中,小片段作为视图的相关视图,与主视图保持同步。

2."可见性/图形替换"设置

键入"VV"或者 VG"命令,打开复制视图的"可见性/图形替换"对话框。在"模型类别"选项卡中勾选此视图中显示的图元类别,如管道、管路附件、机械设备等。然后编辑"过滤器"选项卡,单击"过滤器"→"编辑/新建",编辑或添加过滤器。如添加"冷冻水过滤器",选择"管道""管道附件""管件""管道系统"类别可见,选择"系统名称""等于""冷冻水供水"作为过滤器规则,见图 4 - 117。

图 4 - 117

> **提示**
>
> 过滤器规则中的系统名称必须与逻辑系统名称相关联,过滤器才能生效。

管道绘制完毕后可以调整管道尺寸的大小,添加管路附件,进行系统标注,完成逻辑连接和物理连接的水管系统可以使用软件提供的分析功能进行检查。

4.5 采暖系统

4.5.1 项目准备

1.构件族

(1)采暖构件族。

Revit MEP 2016 自带与采暖设计相关的构件族,默认安装的情况下,族构件都存放在以下路径:C:/ProgramData/Autodesk/RVT2016/Libraries/China/机械构件/通风侧构件/热量分配设备,采暖构件族相关文件夹见表4-7。

表4-7 采暖构件族相关文件夹

子文件夹名称	子文件夹名	所存放的构件族
常规构件	热交换器	热交换设备,如管壳式热交换器等
通风侧构件	热量分配设备	散热设备,如循环翅片管散热器等
出水构件	锅炉	各类锅炉,如冷凝锅炉、燃气锅炉等

(2)新建构件族。

Revit MEP 2016 中自带的散热器和国内常使用的散热器有些差异。下面介绍创建国内常用的"散热器"族的要点。

①族模板选择:一般来说,创建族使用"公制环境.rft"模板,但对于散热器族来说,大部分是贴墙放置的,为了方便在项目中的使用,建议选择"基于面的公制常规模型.rft"的模板文件新建散热器族。

②族类别和族参数:单击功能区"族类别和族参数",在弹出的"族类别和族参数"对话框中,"族类别"选择"机械设备","族参数"的"零件类型"选择"标准",见图4-118。

2.管道配置

(1)管道设置。

本部分将介绍如何设置"机械设置"中"管道设置"的"尺寸"和"流体"属性。

单击功能区"管理"→"MEP 设置"→"机械设置",见图4-119,打开"机械设置"对话框。

图 4-118　　　　　　　　　　　　　图 4-119

　　①尺寸。以添加无缝钢管尺寸为例,单击 ，然后单击 ，见图4-120,新建材质"无缝钢管"作为新材质名称。在"材质基于"中选择"碳钢",确定后生成"无缝钢管"管道。

图 4-120

　　根据无缝钢管的物理特性,将"连接"方式设为"焊接",修改相应"粗糙度"和"明细表/类型",调整"公称直径、内径、外径"等尺寸参数,见图4-121。

图 4 - 121

②流体。如果热媒为低压蒸汽,用户需新建流体"低压蒸汽",单击打开"新建流体"对话框,键入"低压蒸汽"作为新建流体名称,在"新建流体基于"选项中选择"水",确定后生成新流体"低压蒸汽"。如果采暖系统的热媒为热水,直接使用软件中自带的流体"水"即可,见图 4-122。

图 4 - 122

根据低压蒸汽物理特性分别编辑温度、动态粘度和密度的数值,见图 4-123。

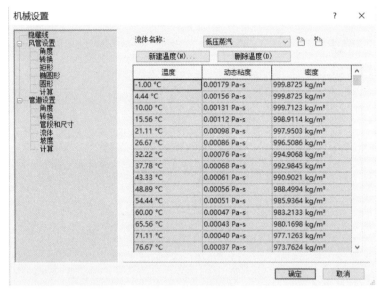

图 4 - 123

🎖 提示

　　编辑流体的温度、动态粘度和密度时,不能直接单击现有的"温度"、"动态粘度"及"密度"进行编辑,必须通过"新建温度"添加"温度"、"动态粘度"和"密度"。例如,新建"低压蒸汽"相关的属性参数值,必须使用"删除温度"删除原有的"温度",再通过"新建温度",在"新建温度"对话框中输入需要的"温度"、"动态粘度"和"密度"的数值。在删除列表仅剩一行温度时,将无法使用删除操作。如果强行删除,会弹出一个"需要温度"的警告对话框。用户必须先新建一个温度后才能删除另外一个。

　　(2)管件配置。

　　①管件类型属性:选择功能区中的"管道"→"类型属性",在管道"类型属性"对话框中,单击"复制",根据现有的管道类型新建一种采暖管道的类型"无缝钢管",将"材质"及"连接类型"修改为上面"(1)管道设置"中新建的"无缝钢管",把无缝管道钢管件族加载到项目中,将"管件"下的相应族替换成无缝钢管管件族,见图 4 - 124。

图 4 - 124

②干管、支管设置：在"机械设置"对话框，将"管道设置"下"转化"中"干管"及"支管"对应"其他"系统分类下的"管道类型"设置为"无缝钢管"，见图 4 - 125。

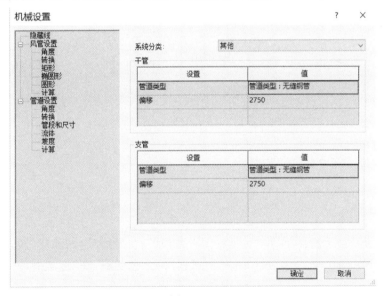

图 4 - 125

3.视图编辑

(1)模型类别。

在当前采暖视图中，单击功能区中的"视图"→"可见性/图形"，打开"可见性/图形替换"对话框，在"模型类别"选择卡中勾选与采暖系统管道相关的族类别，如"管件""管路附件"

等。取消勾选与采暖系统无关的族类别,如"风管""风管管件""线管"等,见图 4 - 126。

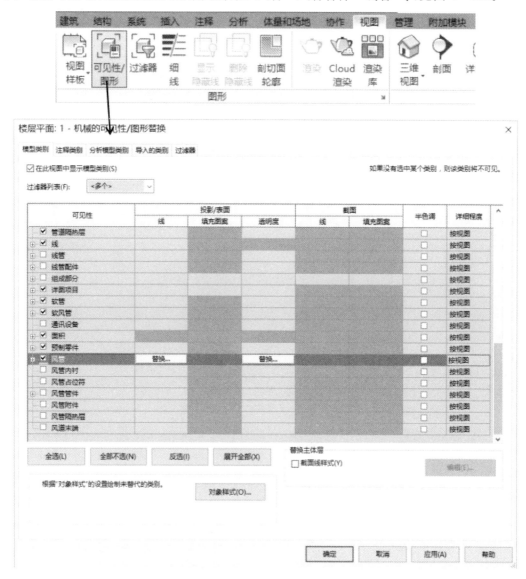

图 4 - 126

(2)过滤器。

①新建采暖系统过滤器:单击"可见性图形替换"→"过滤器"→"编辑/新建",打开"过滤器"对话框,新建"采暖-蒸汽供"及"采暖-蒸汽回"两个过滤器,在"过滤器"对话框"类别"选项中选择相关的类别,例如机械设备、管件、管路附件等,并编辑相应的"过滤器规则",见图4 - 127。

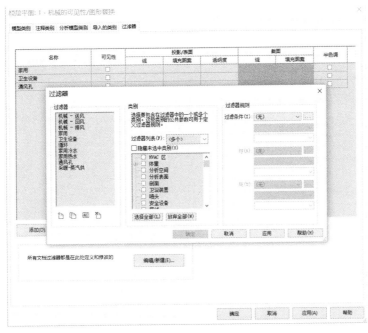

图 4 - 127

②采暖系统过滤器：选择"添加"，在"添加过滤器"对话框中，选中"采暖-蒸汽供"和"采暖-蒸汽回"，添加到"可见性/图形替换"过滤器中，并对所添加过滤器的"填充图案"和"线"的样式及颜色进行自定义，见图 4 - 128。

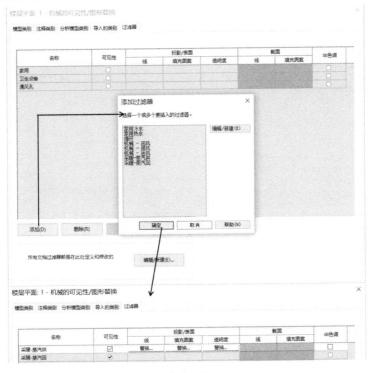

图 4 - 128

③采暖系统可见性编辑：通过勾选或取消勾选"采暖-蒸汽供"或"采暖-蒸汽回"的可见性，可以在当前视图中显示或隐藏此系统。例如，勾选"采暖-蒸汽供"的可见性，取消勾选"采暖-蒸汽回"的可见性，在平面视图中将仅显示同"采暖-蒸汽供"系统的相关的管道、管件等，便于管道绘制，见图 4-129。

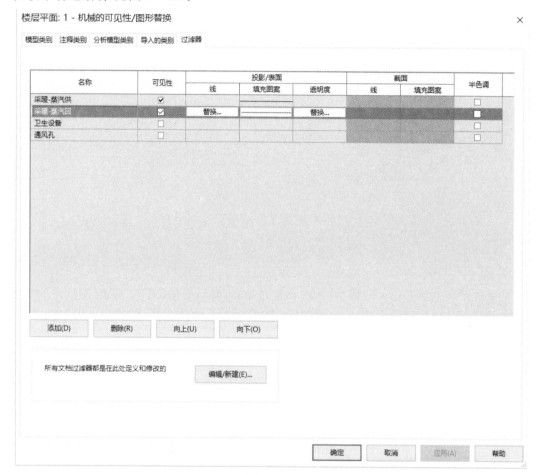

图 4-129

4.5.2 设备布置

1.设备选择

利用 Revit MEP 2016 提供的负荷计算工具算出二层办公楼采暖的热负荷，见图 4-130。负荷计算的方法详见本章"4.1 负荷计算"。

负荷报告见图 4-131，根据负荷报告中的各个不同办公室的"峰值热负荷"选择散热器构件族并加载到项目中。

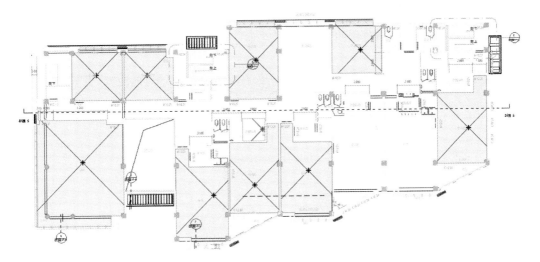

图 4 - 130

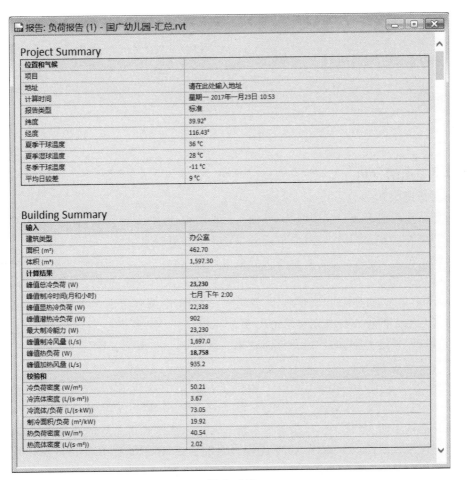

图 4 - 131

2.设备布置

将散热器构件族布置到各房间。单击"散热器"族,在"实例属性"对话框中直接修改调整散热器的离墙距离,见图4-132。

放置"散热器"前,对其"立面"参数进行编辑,直接定义散热器离地距离,见图4-133。

图4-132   图4-133

 提示

"离墙距离"参数为实例参数而非类型参数,因此在不同房间内,可以修改单个散热器的离墙距离。

4.5.3 系统分析

1.调整管道尺寸

由于低压蒸汽的系统分类选择为"其他",目前不能使用"调整风管/管道大小"功能对管径进行自动调整。对于"其他"系统,均需要手动来调整管道尺寸。

若采暖系统采用热水,那么管道系统分类应设为"循环供水"及"循环回水",这时就可以使用"调整风管/管道大小"功能来自动调整管道尺寸。选中当前视图某管段,按"Tab"键选中整个系统,单击功能区中的"调整风管/管道大小",打开"调整管道大小"对话框,可以根据"速度"或者"摩擦"两种方法来调整管道尺寸。

"调整风管/管道大小"的功能介绍详见第3章的"3.2.5系统分析"。

2.检查系统连接

(1)检查管道系统:Revit MEP 2016提供了检查系统功能,检查系统是否完整或连接正确。

单击功能区上的"分析"→"检查管道系统",对于未指定管道系统的图元连接件,不进行检查。对于连接件属性设置错误、物理连接有误的连接件等情况,在绘图区域出现警告按钮,单击"警告"按钮,打开警告的对话框,显示警告的内容,在绘图区域可以看到很多的虚线连接,逐个检查虚线的连接,找出问题所在,见图4-134。

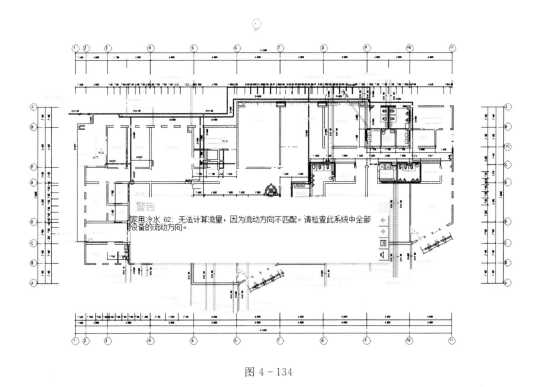

图 4 – 134

（2）显示隔离开关：若管道未连接完整，脱开的连接口都会用⚠显示。单击功能区上的"分析"→"显示隔离开关"，在弹出的"显示断开连接选项"对话框中勾选相关的专业接口类型，见图 4 – 135。

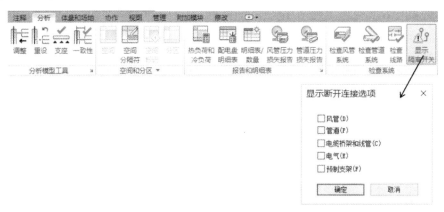

图 4 – 135

💉 提示

用户可结合使用上述两种检查方法，建议先使用"显示隔离开关"找出，更加直观。

3.管道颜色填充

使用"管道图例"功能可以根据管道尺寸、流量或压降等不同的属性对系统管道进行颜色填充，有助于用户直观查看、分析及设计系统。

单击功能区中的"分析"→"管道图例",打开"编辑颜色方案"对话框中,软件只提供默认"管道颜色填充-尺寸"的选项,还可以在"编辑颜色方案"对话框中编辑颜色的属性,例如选择流量、摩擦系数等,见图4-136。

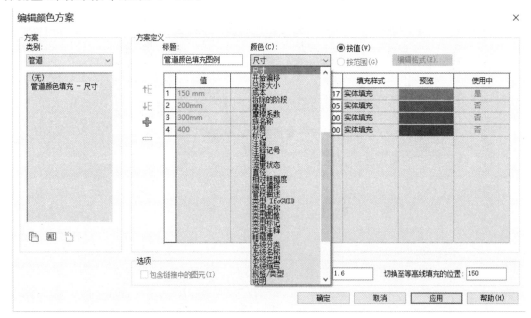

图 4-136

4.5.4　碰撞检查

Revit MEP 2016 提供了"碰撞检查"功能,不仅可以帮助暖通工程师检查管道碰撞,也可以帮助协调水暖电的管路设计,详细的方法参见第 6 章碰撞检查。

本章详细介绍了如何使用 Revit MEP 2016 设计暖通空调系统,内容包括项目创建、负荷计算、设备布置、逻辑系统创建和管道物理连接的方法和技巧,同时还介绍了如何使用 Revit MEP 2016 对设计后的暖通空调系统进行计算和分析。

第5章 电气设计

建筑工程设计中,电气设计需要根据建筑规模、功能定位及使用要求确定电气系统。电气系统主要涵盖配电系统、防雷、接地、照明和弱电系统等。本章将着重介绍如何用 Revit MEP 2016 进行配电系统设计、照明设计、弱电设计以及电缆桥架和线管的布置。

5.1 配电系统

用 Revit MEP 2016 实现配电设计,主要包括电气平面的布置、线路和导线的创建和设计相关的分析计算以及线路标注。具体步骤如下:

①项目准备:包括电气设置、视图设置、电气族的准备,见5.1.1。

②设备布置:在视图中布置插座及用电设备,收集暖通、给排水等动力条件,见5.1.2。

③系统创建:在项目文件中创建"电力"线路,即实现设备的逻辑连接,见5.1.3。

④导线布置:在生成的线路基础上,进行导线的连接和布置,见5.1.4。

⑤系统分析:使用软件的分析检查功能进行配电的相关分析,检查设计,见5.1.5。Revit MEP 2016提供的相关功能有:查看线路属性、系统浏览器、检查线路、配电盘明细表等。

⑥线路标注:在平面视图中,对线路和设备进行标注,见5.1.6。

和其他章节一样,本节结合具体项目案例的设计,系统介绍 Revit MEP 2016 配电设计的功能。其中,关于照明的配电将在本章"5.2 照明设计"中介绍。

5.1.1 项目准备

按照第 2 章介绍的创建 Revit MEP 项目文件的方法,首先基于"机械样板"项目样板创建电气项目文件,并将建筑模型链接进来。然后,设置项目信息,复制添加标高,创建楼层平面,组织项目浏览器,具体操作参见"第 2 章 Revit MEP 项目创建"。

针对电气设计,还要对项目文件进行如下准备:

图 5-1

1.电气设置

单击功能区中"管理"→"MEP 设置"→"电气设置",打开"电气设置"的对话框,见图 5-1。

(1)常规。

在"电气设置"对话框中设置线路的常规参数,见图 5-2。

①电气连接件分隔符:指定用于分隔装置的"电气数据"参数额定值的符号。软件默认符号为"—",用户可自行定义。

②电气数据样式:为电气构件"属性"选项板中的"电气数据"参数指定样式。单击该值之后,可以从下拉式列表中选择"连接件说明电压/级数-负荷"、"连接件说明电压/相位-负荷"、"电压/级数-负荷"或者"电压/相位-负荷"。

图 5 - 2

③线路说明:指定导线实例属性中的"线路说明"参数的格式。

④按相位命名线路:相位标签只有在使用"属性"选项板为配电盘指定按相位命名线路时才使用。A、B 和 C 是默认值。

⑤大写负荷名称:指定线路实例属性中的"负荷名称"参数的格式。

(2)配线。

"电气设置"中"配线"是针对导线的表达、尺寸、计算等的一系列设置,项目准备时可根据具体项目情况进行预设。

单击左侧面板中的"配线",见图 5 - 3,在右侧面板中对导线进行以下设置:

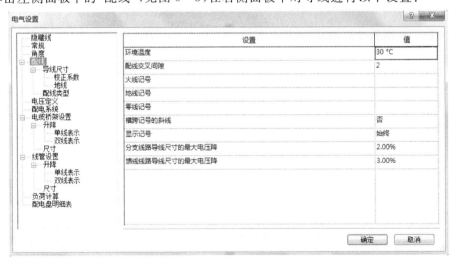

图 5 - 3

环境温度:指定配线所在环境的温度,为导线计算提供条件。

配线交叉间隙:指定用于显示相互交叉的未连接导线的间隙的宽度。

火线记号/地线记号/零线记号:分别为火线、地线和零线选择显示的记号样式。需要将导线记号族载入到项目文件中,否则这三个设置的下拉选项为空。

🌿 **提示**

配线设置时应注意以下情况：

①Revit MEP 2016 自带族库提供了导线记号样式的族。

②用户可以通过自己创建或修改导线记号族来自定义"导线记号"。创建时族类别要选成"导线记号"。

在"电气设置"对话框的左侧面板展开"配线"，设置"导线尺寸"和"配线类型"，见图5-4。

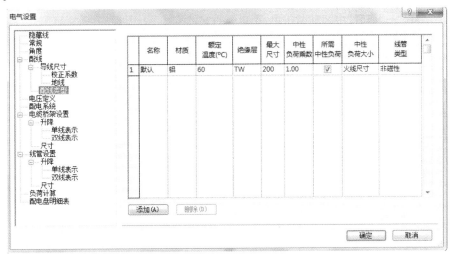

图 5-4

(3)电压定义和配电系统。

在"电气设置"对话框中设置"电压定义"和"配电系统"。

①"电压定义"：定义项目中配电系统所要用到的电压。每级电压可指定±20%的电压范围，便于适应不同制造商装置的额定电压。例如，120V配电系统上使用的配电，其额定电压可以为110V～130V。

单击"添加"，可添加并设置新的电压定义，单击"删除"可删除所选电压定义。以下列出了"电压定义"表中各列的含义。

a.名称：用于标识电压定义。

b.值：电压定义的额定电压。

c.最小：用于电压定义的最小额定电压。

d.最大：用于电压定义的最大额定电压。

②"配电系统"：定义项目中可用的配电系统，见图5-5。

a.名称：用于标识配电系统。

b.相位：从下拉式列表中选择"三相"或"单相"。

c.配置：单击该值后，可以从下拉式列表中选择"星形"或"三角形"（仅限于三相系统）。

d.导线：用于指定导线的数量（对于三相，为3或4；对于单相，为2或3）。

e.L-L电压：单击该值之后，从下拉列表选择一个电压定义，以表示在任意两相之间的电压。此参数的规格取决于"相位"和"导线"选择。例如，L-L电压不适用于单相二线系统。

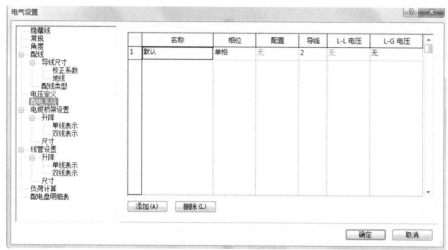

图 5-5

f.L-G 电压:单击该值之后,从下拉列表中选择一个电压定义,以表示在"相"和"地"之间的电压。

(4)负荷计算。

用户可以自定义电气负荷类型,并为不同的负荷类型指定需求系数。针对需求系数,可以通过创建不同的需求系数类型,指定相应的需求系数"计算方法"来计算需求系数。

在左侧面板中单击"负荷计算"出现如图 5-6 所示对话框,在右侧面板中单击"负荷分类"和"需求系数",可以打开"负荷分类"和"需求系数"对话框。

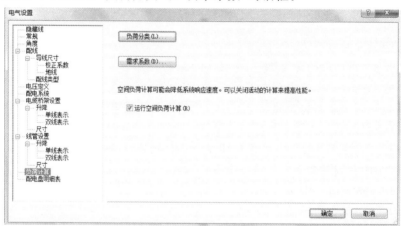

图 5-6

单击"负荷分类"图标,打开"负荷分类"对话框,设置项目中要用到的负荷分类类型,见图 5-7,指定"需求系数"和"选择用于空间的负荷分类"。

图 5-7

单击"需求系数"图标,打开"需求系数"对话框,设置"需求系数类型",见图 5-8,此处可以设置用于不同需求系数类型的计算方法。

图 5-8

2.视图设置

(1)电气平面。

在项目样板"机械样板"中创建好相关电气平面,然后按照电气设计的需要作相应设置。

对于没有电气平面的项目文件,可以通过复制建筑视图,并根据需要创建各个楼层和天花板的电力平面、照明平面、弱电平面等,然后将相应的视图样板应用于每个平面。

具体设置视图样板的方法可以参见第 2 章的"2.4 视图设置"。

提示

在"应用视图样板"对话框中,单击"视图属性"中"V/G 替换模型",打开"可见性/图形替换"对话框,设置构件族、系统在当前视图的显示、隐藏和"对象样式"。如要在视图中隐藏非本专业的构件族类别,只要在左侧"可见性"一栏取消选项即可,见图 5-9。

可见性	投影/表面			截面		半色调	详细程度
	线	填充图案	透明度	线	填充图案		
☑ 专用设备						☐	按视图
☐ 体量						☐	按视图
☑ 停车场						☐	按视图
☑ 光栅图像							按视图
☑ 卫浴装置						☐	按视图
☐ 地形							按视图
☑ 场地							按视图
☑ 坡道							按视图
☑ 墙							按视图
☑ 天花板							按视图
☑ 家具							按视图
☑ 家具系统							按视图

楼层平面: 标高 1 的可见性/图形替换

模型类别　注释类别　分析模型类别　导入的类别　过滤器

☑ 在此视图中显示模型类别(S)　　　　如果没有选中某个类别,则该类别将不可见。

过滤器列表(F): 建筑

全选(L)　全部不选(N)　反选(I)　展开全部(X)

替换主体层
☐ 截面线样式(Y)　　编辑(E)...

根据"对象样式"的设置绘制未替代的类别。　对象样式(O)...

确定　取消　应用(A)　帮助

图 5-9

(2)出图线宽和线样式。

首先,单击功能区中"管理"→"其他设置"→"线宽",见图 5-10,在相应的线宽序号中,按照实际出图比例设置对应的实际线宽。

图 5-10

然后,单击功能区中"管理"→"对象样式",见图 5-11(或单击功能区中"视图"→"可见性/图形"→"对象样式")。在"对象样式"对话框中设置各类别图元相对应的线宽序号,以及图元显示的"线型图案",见图 5-12。

图 5 - 11

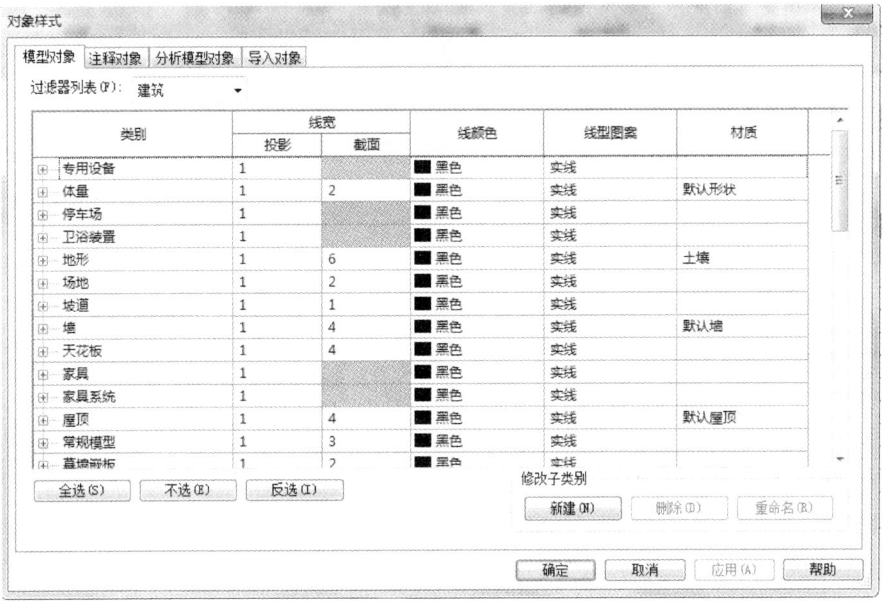

图 5 - 12

3.载入电气族

在进行配电设计之前,在项目文件中需要载入相应的电气族,如进线配电盘、插座等。同时,用户也可以根据需要自己创建电气族。要强调的是,电气族的一个关键要素是电气连接件,只有具备电气连接件,载入 Revit MEP 2016 项目中的族才可以创建电气系统,并且通过电气连接件使族自带的信息参与到系统设计和计算中。

5.1.2 设备布置

如果布置一般电气设备,如插座、配电箱等,可以直接将设备添加到视图中。如果为暖通专业或给排水专业的一些动力设备,如空调、水泵等配电时,则推荐使用链接暖通专业或给排水专业项目文件的方法来收集这些动力条件。下面就这两种情况作详细介绍。

1.布置电气设备

以布置三楼电气平面(盥洗室、衣帽储藏和卫生间)为例。打开"楼层平面"→"3 楼配电平面"。在项目文件中,为三层布置插座并配电,见图 5 - 13。图中区域都定义好了空间,如"盥洗室""卫生间"都是"空间标记"。Revit MEP 2016 使用空间记录该构件所在区域的相关信息,电气设计同样要定义空间,从而方便电气负荷计算和照明设计,详见本章"5.2 照明设计"。

(1)调用电气族的两种方法。

①从左侧项目浏览器中,单击"族"展开,选择相应类别的族,如电气装置、电气设备等。

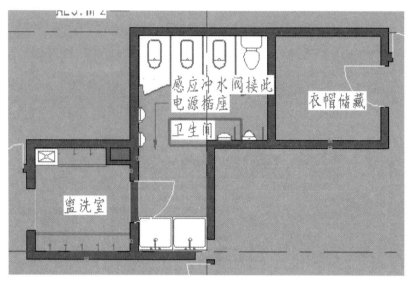

图 5 - 13

然后拖动所选族的某个"类型"到项目视图中,见图 5 - 14。

②单击功能区中"系统"选项卡,在"电气"面板中有"电气设备"、"设备"和"照明设备",见图 5 - 15,单击其中相应按钮,在"属性"停靠栏的类型选择器中选择所要插入的族及类型,见图 5 - 16。

图 5 - 14

图 5 - 15

(2)放置族、设备、配电箱的方法。

放置基于面的族时(比如基于工作平面、墙、天花板等),要选择放置的方式。以放置"基于工作平面"的配电箱为例,配电箱要放置到墙体:首先选择配电箱,在"属性"对话框中的"限制条件"中,指定"立面"值,见图 5 - 17。然后单击"放置在垂直面上",见图 5 - 18,将光标定位到所要放置的内墙上,这时才能预览到该配电箱上,单击放置配电箱。

图 5-16   图 5-17

为方便配电系统创建,可以为配电箱命名。选中配电箱,在"属性"中修改"配电箱名称"。如图 5-19 所示。

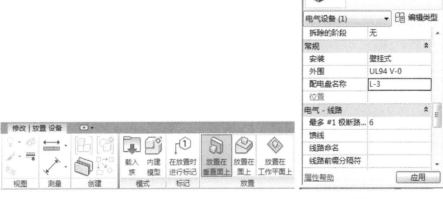

图 5-18   图 5-19

🖋 提示

(1)未命名的配电盘的标记在项目中显示为"?"。

(2)配电盘的命名,除了在"属性"中定义"配电盘名称"外,还可以双击"?"标记,直接输入配电盘名字。

(3)此处配电盘选择的注释文件是"电气设备类型记号标记",可以在族环境下,通过"编辑标签"命令更改显示标签信息。

(4)在标记类型属性和属性对话框中,可以对标记样式进行一些设置,如"引线箭头"、"显示"和"方向"。

2. 收集动力条件

为其他专业动力设备配电时,需要先从暖通和给排水的项目文件中收集动力条件。将暖通或给排水的项目文件链接到电气项目文件中,使用"链接"功能中的"复制/监视"功能,把相应的动力设备"复制"过来。"链接"功能详见"第7章 协同工作"。

5.1.3 系统创建

1.创建配电系统

设备放置完毕后,开始创建系统。

(1)定义配电盘的配电系统。

接着本章"5.1.2 设备布置"的工作进程,进行三楼电气平面插座配电的操作,选中项目视图中的配电盘,在选项栏中出现如图5-20所示的下拉菜单,用于定义配电系统。这里选择"220/380 星形"配电系统。

图 5-20

✤ 提示

如果单击配电盘时,选项卡中"配电系统"项没出现可选择的配电系统,说明电气设置中的"配电系统"没有出现与该配电盘的电压和级数相匹配的项。这时要检查配电盘的连接件设置中的电压和级数,或是在电气设置中添加与之匹配的"配电系统"。

(2)创建回路。

这个项目中,把三个房间的插座设备作为一个回路进行线路连接。首先,选中区域中的全部插座(共6个),见图5-21。然后,单击功能区中"电力",创建线路。

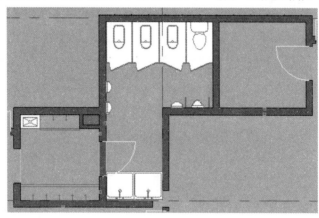

图 5-21

✤ 技巧

当图面比较复杂时,可以通过"过滤器"方便准确地选择要操作的图元:框选需要绘制的区域,单击"过滤器",打开"过滤器"对话框,见图5-22,单击"放弃全部",然后只勾选"电气装置",这样就选中了该区域中的所有插座。

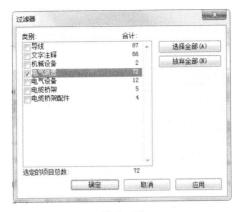

图 5 - 22

单击功能区中的"电力"后,激活了"电路"选项卡,见图5-23,单击"选择配电盘",见图5-24。选择配电盘有两种方法:

图 5 - 23

图 5 - 24

①直接选中绘图区域中的配电盘。

🕯️ 提示

电路中所选的配电盘必须事先指定配电系统,否则在系统创建时,无法指定该配电盘。

②用相同的方法创建其他回路,实现其他房间区域的系统连接。

2.动力配电

将动力设备从链接文件复制到当前项目文件中,就可以创建线路了,步骤和前面介绍的一样,这里就不赘述。

Revit MEP 2016 中可以在不破坏线路情况下直接替换对应的设备及类型。比如,设计师、配电盘等装置设备的选型不需要先确定下来,创建线路时,可以显示选一个初始的配电盘,然后软件会自动计算出实际电流、负荷等,并通过线路属性查看,以验证配电箱是否合适。如果不合适,选中该设备,从停靠的"属性"的类型选择其中直接替换。当线路负荷发生调整时,系统计算会实时更新,根据更新结果考虑替换设备。线路属性分析将在本章"5.1.5系统分析"中详细介绍。

🌾 **技巧**

连接多电源。电气配电中,有的负荷配备了备用电源。Revit MEP 2016为专门提供多电源连接的功能,可以通过变通方法将回路负荷分别传递给常规供电和备用供电。

5.1.4 导线布置

当线路逻辑连接完成后,可以为线路布置导线。本节将着重介绍如何为线路尤其是多回路线布置导线。

为了说明方便,仍然以三楼电气平面给插座配电为例。

1.自动生成导线

按照前面的操作,完成回路系统创建后,为回路自动生成导线,见图5-25。

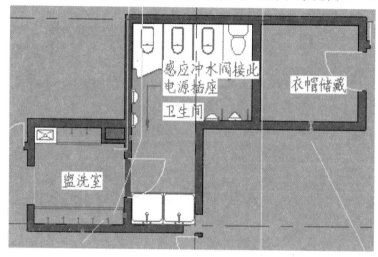

图5-25

在每次回路创建时,可通过点击"系统"选项卡→"电气"面板→"弧形导线/样条曲线导线/带倒角导线"生成导线,见图5-26。

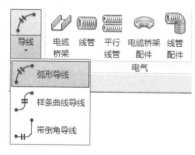

图5-26

(1)弧形导线:通常用于表示在墙、天花板或楼板内隐藏的配线。

(2)带倒角导线:通常用于表示外露的配线。

2.手动调整导线

当自动生成的导线不能完全满足设计要求时,需要手动调整导线。尤其当多条回路连接到同一配电盘时,可以将多条回路组合为一条多线路回路。分别给多条回路配线时,多条回路分别有导线和配电盘连接,根据设计情况,可将多条回路组合为一条多线路回路。

💡 提示

　　以上介绍的是导线布置的一般步骤。当然,用户可以从一开始就动手配线。为提高效率,推荐先自动连接导线,然后手动调整导线。

5.1.5 系统分析

　　Revit MEP 2016 提供多种分析检查功能协助用户完成电气设计。在创建完线路的基础上,通常可以使用以下功能协助并检查设计:

　　a.电路属性:查看线路的相关信息和相关电气参数。

　　b.系统浏览器:用于方便地检查创建好的系统和查找系统中的构件。

　　c.检查线路:用于检查设备连接间的逻辑连接。

　　d.配电盘明细表:通过生成配电盘明细表归总线路负荷信息,同时还可以重新平衡配电盘负荷。

　1.电路属性

　　线路一旦创建完毕,软件就会自动计算线路的相关电气参数,如线路总的视在和实际电流、视在和实际负荷、电压降、导线长度、尺寸和数目等,并同时反应在"电路属性"中。

　　查看电路属性的步骤如下:

　　(1)选择线路中的任意一个图元。

　　(2)按"Tab"键,使与之相连接的图元也被高亮显示,重复按"Tab"键,直到代表电路的虚线框出现,见图 5 - 27。

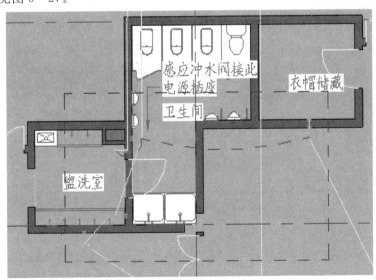

图 5 - 27

　　(3)再单击该图元,则整个电路被选中,在"属性"对话框中的"电气负荷"部分可以看到线路的相关信息,见图 5 - 28。

图 5-28

🎋 提示

导线长度的计算:在软件中,导线长度是由导线所连接的设备之间 X、Y、Z 方向的距离之和计算得出的。

2.系统浏览器

Revit MEP 2016 增强了系统浏览器的功能,用户可以方便的在项目中检查设计和查找构件。

单击功能区中"视图"选项卡→"窗口"面板→"用户界面",见图 5-29,勾选"系统浏览器",打开系统浏览器,见图 5-30。

图 5-29

图 5-30

提示

还可以通过单击功能区中"分析"→"系统浏览器"或者直接按"F9"键打开系统浏览器。

在系统浏览器中,用户可以在"系统"和"全部规程"下拉式列表中设置视图选项,见图 5-31;单击"⬚"即"自动调整所有列"按钮,可以自动调整所有列宽,也可以双击列标题,自动调整列的宽度;单击"⬚"即"列设置"按钮,可以进行列设置,见图 5-32。

图 5-31   图 5-32

(1)视图。

①系统/分区。可以选择显示项是按照"系统"还是"分区"来呈现,对于电气设计,选择按照"系统"来组织所有显示项。

a.系统:按照各个规程创建的主系统和辅助系统显示构件。

b.分区:按房间显示构件。展开各个房间,以显示房间中的构件。

②全部规程/机械/管道/电气。在各个文件夹中显示各个规程(机械、管道和电气)的构件。其中"管道"包含卫浴和消防系统。在电气设计中,勾选"电气",只显示"电气"规程的构件。

(2)自动调整所有列。

单击⬚调整所有列的宽度,与标题文字相匹配。

(3)列设置。

单击⬚打开"列设置"对话框,见图 5-33,在对话框中可以制定针对各个规章显示的列信息,可以根据查看的需要选择相应参数。

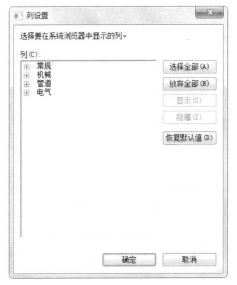

图 5-33   图 5-34

根据系统浏览器当前的状态,在表行上单击鼠标右键可以进行下列操作(见图5-34):

a.展开/展开全部:选择"展开"可显示选定文件夹中的内容。选择"展开全部"可显示层级中选定文件夹下的所有文件夹的内容。要展开文件夹,也可以双击分支或单击文件夹旁边的加号(+)。

b.收拢:与"展开/展开全部"相反的操作。要折叠文件夹,也可以双击分支或单击文件夹旁边的减号(一)。

c.选择:选择系统浏览器和当前视图图纸中的构件。

d.显示:打开包含选定构件的视图。如果选定的构件出现在多个当前打开的视图中,就会打开"显示视图中的图元"对话框,单击"显示"多次即可循环查看包含选定构件的视图。每次单击"确定"后,绘图区域中都会显示不同的视图,并且视图中高亮显示了在系统浏览器中选择的构件。如果当前打开的视图中不包含选定的构件,将会提示打开相应视图,或"取消"操作并关闭该消息。

e.删除:从项目中删除选定的构件。任何孤立的构件都将被移到系统浏览器的"未指定"文件夹中。

f.属性:打开选定构建对应的"图元属性"对话框。

设置系统浏览器"视图",勾选"电气"规程。通过展开"未指定"来查看项目文件中为创建电气系统的电气族实例;展开"电力",见图5-35,可以在系统浏览器中查看线路相关信息。

图5-35

3. 检查线路

Revit MEP 2016 提供了检查电气线路的命令。单击功能区中"分析"→"检查线路"。如果项目文件有未连接的设备,会弹出警告窗口,见图5-36。如果该未连接的设备在当前激活的视图中,该设备高亮显示。

图5-36

在显示的警告窗口中,单击"展开警告对话框"可查看警告的详细信息。

5.1.6 线路标注

在 Revit MEP 2016 中,可以通过标记电气构件(包括配电盘和变压器)和导线等来标识线路,这些标记可以随着线路的更新实时更新。

首先,要载入适当的标记族,载入项目文件的标记族显示在"项目浏览器"→"族"→"注释符号"中,见图 5-37。

图 5-37

然后,添加标记,单击功能区中"注释"选项卡→"标记"面板→"按类别标记",见图5-38,在选项栏上,选择要应用到该标记的选项,见图 5-39。

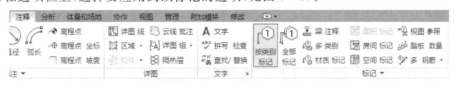

图 5-38

图 5-39

a."方向":可将标记的方向指定为水平或垂直。

b."标记":可打开"标记"对话框,在其中可以选择或载入特定构件的注释标记,见图5-40。

c."引线":可为该标记激活确定引线的长度和附着的参数。

d."附着端点"：指定引线与视图中的构件接触。

e."自由端点"：指定在构建与引线之间的间隙。

设置为"标记"选项后，单击要在视图中标记的导线，即可为导线添加标记。

图 5 - 40

5.2 照明设计

电气照明在人们的生活和工作上是不可缺少的，良好的照明度对提高工作效率、保证安全生产和保护人们的视力等方面都有重要的作用。

照明设计，特别是现代高层建筑的电气照明设计，与装饰工程有着密切的关系。对于办公建筑的照明，不仅要考虑办公桌上水平照度的效率，还必须考虑提供整个室内环境舒适的照明；对于学校教室的照明，需为教学提供必要的视觉条件，以取得好的教学效果。因此，照明设计是一项综合性的技术工作，其总的原则是在满足照明要求的基础上，正确选择节约电能的光源和灯具，与建筑、装饰配套的前提下便于安装、使用可靠、经济合理并预留照明条件。

按照建筑照明设计的设计流程，采用 Revit MEP 2016 软件进行照明系统的设计。具体内容如下：

①项目准备：根据中国配电系统，增加配线类型、电压定义、配电系统，设置负荷分类和需求系数，见 5.2.1。

②电气族创建：介绍 Revit MEP 2016 自带族文件，通过修改 Revit MEP 2016 自带的族文件，创建符合项目需要的族文件，见 5.2.2。

③照明计算：收集建筑空间的照明信息，根据规范要求，设定照度的要求，并进行照明计算，见 5.2.3。

④照明平面图及系统图的设计：选择灯具的类型、数量，并根据照度要求进行调整；添加照明配电箱，进行灯具的电系统连接以及开关系统连接；利用 Revit MEP 2016 的渲染功能进行灯光模拟演示，见 5.2.4。

5.2.1 项目准备

目前 Revit MEP 2016 软件自带的电压系统为"120/280V"、"277/480V"三相四线星型

系统以及"120/240V"单相三线配电系统。其与我国使用的"220/380V"三相四线星型系统不同,需另行添加电压系统。具体电气设置与配电系统类似,详见本章"5.1.1 项目准备",以下着重介绍照明系统专属电气设置。

1.电气设置

Revit MEP 2016 软件提供的中国 MEP 模板是专为国内用户量身定做的,其电压、配电系统等均符合国内要求。

可以在电气设置对话框中通过"添加"命令分别增加电压、配电系统、负荷计算等,此处使用"传递项目参数"命令利用软件自带的中国 MEP 模板如机械样板方便快捷地设定电气设置。

同时打开项目文件和机械样板,在项目文件环境下,单击功能区中"管理"→"传递项目标准",在"选择要复制的项目"对话框中选择需要复制的项目,见图 5-41,如"电压类型""电气设置""电气负荷分类""电气需求系数定义""配电盘明细表样板分支配电板""配电盘明细表样板数据配电板""配电盘明细标样板开关板""配电系统"等,然后单击"确定"。

图 5-41

2.配线类型

在项目文件环境中,单击功能区中"管理"选项卡→"MEP 设置"→"电气设置",在"电气设置"对话框中选择"配线类型",单击"添加",添加所需的配线类型,见图 5-42。

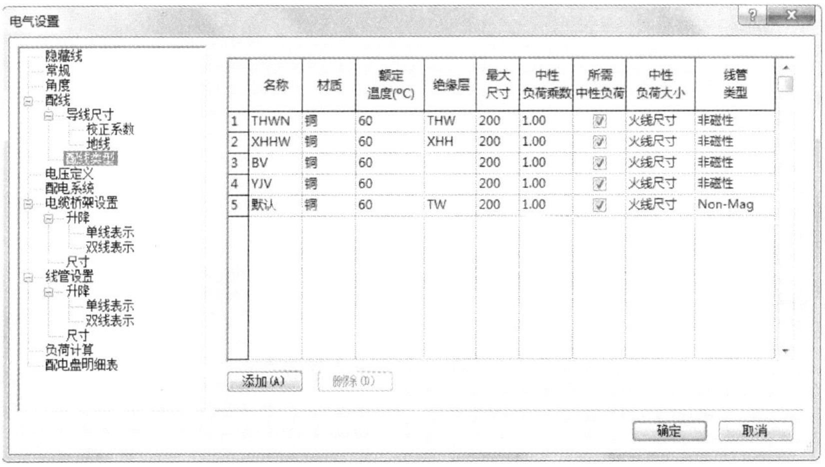

图 5-42

3.负荷计算

在 Revit MEP 2016 软件中,负荷计算分别为"负荷分类"和"需求系数"两部分,见图 5－43,通过设置特定的负荷分类类型和相应的需求系数类型,确定各个系统照明和用电设备等负荷的容量、计算电流,选择合适的配电箱。

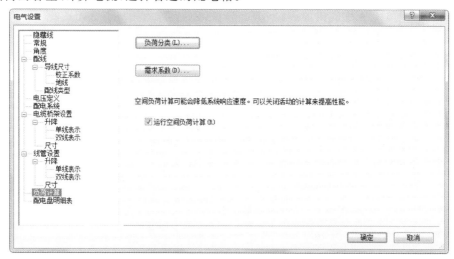

图 5－43

(1)负荷分类。

在项目环境下,软件提供了两种进入"负荷分类"和"需求系数"对话框的方式。

①单击功能区中"管理"→"MEP 设置"→"电气设置",在"电气设置"对话框中选择"负荷计算",选择"负荷分类"或"需求系数"进入,见图 5－43。

②单击功能区中"管理",在"MEP 设置"下拉菜单下选择"负荷分类"或"需求系数"进入,见图 5－44。

在"负荷分类"对话框中可以通过新建、复制、重命名及删除命令编辑负荷分类的类型,见图 5－45。同时,可以为每个负荷分类类型选择需求系数或者直接进入"需求系数"对话框进行自定义设置,见图 5－46。在"选择用于空间的负荷分类"中可以定义"照明"、"电力"或者"无"。如果"选择用于空间的负荷分类"为"照明"或"电力",该负荷分类将计入空间"电气

图 5－44   图 5－45

190

空间"的"照明"或"电力"实际负荷值；如果选择"无"，则该负荷分类将不计入空间负荷。

图 5 - 46

目前，软件内置有多种负荷分类类型，每种负荷类型对应不同的需求系数及空间负荷类型，负荷分类信息设置均符合美国 NEC（National Electrical Code）标准。主要的负荷分类有："电器气具-居住单元""制冷""电干衣机""电灶""加热""厨房设备非居住单元""照明""电动机""插座""变压器"等，详情见表 5 - 1。

表 5 - 1　内置负荷分类信息

负荷分类类型	对应需求系数类型	空间负荷分类	适用族类别
制冷	制冷	无	风道末端、风管附件、机械设备
加热	加热	无	电气装置、机械设备
厨房设备－非居住单元	厨房设备－非居住单元	电力	机械设备、卫浴装置
变压器	变压器	无	电气设备
插座	插座	电力	电气设备
照明	照明	照明	照明设备
照明－仓库	照明－仓库	照明	
照明－医院	照明－医院	照明	
照明－室外	照明－室外	照明	
照明－居住单元	照明－居住单元	照明	
照明－旅馆	照明－旅馆	照明	

负荷分类类型	对应需求系数类型	空间负荷分类	适用族类别
现有负荷	现有负荷	无	电气设备、机械设备、卫浴装置
现有负荷—以30天计量	现有负荷—以30天计量	无	
现有负荷—照明	现有负荷—照明	照明	
电力	电力	电力	电气设备
农场负荷	农场负荷	无	电气设备、机械设备、卫浴装置
电干衣机	电干衣机	无	卫浴装置
电梯	电梯	无	电气装置
电气器具—居住单元	电气器具—居住单元	电气	电气装置、机械设备、卫浴装置
电灶—3.5kW至8.76kW	电灶—3.5kW至8.75kW	电力	卫浴装置
电灶—小于3.5kW	电灶—小于3.5kW	电力	
设备	设备	电力	电气设备、机械设备、卫浴装置
透视	透视	无	电气设备、电气装置
HVAC	HVAC	无	机械设备
其他	其他	无	电气设备、电气设备、灯具
电动机	电动机	无	电气设备
默认	默认	无	全部
备件	备件	无	—

🔖 提示

负荷分类类型"其他"、"备件"和"电动机"是无法删除的。

（2）需求系数。

需求系数值的准确性对负荷计算有重要的意义,Revit MEP 2016为内置负荷提供相应的需求系数推荐值,可以通过新建、复制、重命名及删除命令编辑需求系数类型,见图5-46。

软件提供三种不同的计算需求系数的方法：

①固定值:对于任何新建的需求系数类型,其默认的计算方法均采用固定值方式。可在需求系数框中直接输入数值,软件中默认值为100,见图5-46。

②按数量:不同的数量范围其需求系数值不同。"按数量"计算方法有两种不同的计算选项,"按一个百分比计算总负荷"和"每个范围递增"。可通过➕命令拆分数量范围,通过➖命令删除选定的数量范围,并可在表格中直接输入数值和需求系数值,见图5-47。

图 5 - 47

③按负荷:不同的负荷范围其需求系数值不同。与"按数量"计算方法类似,"按负荷"计算方法同样有两种不同的计算选项,"按一个百分比计算总负荷"和"每个范围递增"。可通过➕命令拆分负荷范围,通过➖命令删除选定的负荷范围,并可在表格中直接输入负荷和需求系数值,见图 5 - 48。

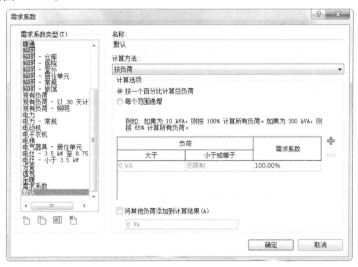

图 5 - 48

与负荷分类一一对应,软件内置的需求系数类型主要有"电气器具-居住单元""制冷""电干衣机""电灶""加热""厨房设备非居住单元""照明""电动机""插座""变压器"等,详见表 5 - 1。

以"电气器具-居住单元"为例,其需求系数以"按数量""按一个百分比计算总负荷"为计算方法,见图 5 - 49,当连接在同一配电盘上的此类设备数量超过三个时,第四个及以后的负荷按照其实际负荷的75%计算。

图 5-49

"电气器具-居住单元"类型的负荷主要适用于"电气装置"、"机械设备"和"卫浴装置"下的族文件,比如热水器、水泵、洗碗机等。

对于照明设计,添加负荷分类类型"室内照明"和"插座",并分别选择空间负荷为"照明"和"电力"。对于需求系数,则分别设置"室内照明"和"插座"与之匹配。

 提示

在设置负荷分类和需求系数时,可在内置负荷类型"照明居住单元"和"插座"基础上调整负荷范围和需求系数值。

5.2.2 电气族创建

照明设计使用到大量的灯具、开关等设备,当软件自带的族文件无法满足用户设计的需求时,用户可根据需要创建电气族,用户还可以在软件自带族的基础上进行修改,提高效率。

1.自带构件族简介

(1)照明设备。

在默认安装的情况下,在"照明"文件夹下还细分"内部"和"外部"两个子文件夹,所存放构件族见表5-2。

表 5-2　照明设备构件族

子文件夹名称	所存放的构件族
内部	应用于室内照明,如台灯、壁灯等
外部	应用于室外照明,如街灯等

(2)开关插座。

随着绿色照明概念的逐渐深入,软件同时提供了一些应用于智能建筑控制方面的开关。

(3)照明配电箱。

Revit MEP 2016 软件配备了符合中国国标要求的全套用户终端箱,见表 5－3(引自05D702－4《用户终端箱》,中国建筑标准设计研究院编写)。

表 5－3　配电箱构件族

族名	参考详图
动力箱－380V－壁挂式	PB10 系列动力箱结构示意图
动力箱－380V－嵌入式	PB10 系列动力箱结构示意图
双电源切换箱	PBT10 系列双电源切换箱结构示意图
客房配电箱－220V－嵌入式	PB40 系列客房配电箱结构示意图
照明配电箱	LB10 系列照明配电箱结构示意图
电度表箱－带配电回路	MB20 系列电度表箱结构示意图
电度表箱	MB10 系列电度表箱结构示意图
电源箱－380V MCCB	PB60、PB70 系列动力箱结构示意图
配电柜－380V MCCB	PB50 高层住宅配电柜结构示意图
配电盘	DB－3A 型住户配电箱

2.修改电气构件族

目前 Revit MEP 2016 自带的族文件,大部分是按照美国现行标准创建的,跟国内项目所需族文件相比,主要存在两方面差异:图例文字符号和参数。下面以开关为例,介绍如何修改 Revit MEP 2016 软件自带族文件,并介绍照明灯具的特殊设置。

(1)图例文字符号。

电气族通常在"粗略""中等"详细程度下显示图例文字符号,在"精细"程度下显示实体。软件现有族"照明开关"不同类型的图例和文字符号,如表 5－4 所示。

表 5－4　不同类型的图例和文字符号

195

在国内,建筑电气工程设计中照明开关的图例符号有所不同。

首先,为满足国内项目要求,需要修改相应的二维图标,具体步骤如下:

①打开族"照明开关.rfa"。

②在项目浏览器中,右击注释符号下"照明开关注释",单击"编辑"命令进入图标族文件进行编辑,见图5-50。

也可以在视图绘图区中选择图例符号,单击"编辑族"命令进入注释文件,见图5-51。

图5-50   图5-51

③在注释文件族编辑器中,在"常用"选项卡中使用"直线"命令根据表5-4修改图标并加载到族文件"照明开关.rfa"中。

④重命名照明开关注释文件和类型为"单极限时开关"。同理,分别创建照明开关其他的图标文件并加载到族文件中。

⑤创建不同族类型。在"族类型"对话框中,使用"新建"或"重命名"命令分别创建新的族类型,如图5-52所示。

图5-52

⑥设置不同类型图标可见性参数。首先在"族类型"对话框中,依次新建参数"可见性1~可见性8",并根据表5-5针对不同的类型设值,见图5-53、图5-54。

表 5-5   可见性设置

族类型	设置要求
开关一般符号	可见性 1＝1，其他可见性参数均为 0
带指示灯的开关	可见性 2＝1，其他可见性参数均为 0
单极拉线开关	可见性 3＝1，其他可见性参数均为 0
单极现时开关	可见性 4＝1，其他可见性参数均为 0
调光器	可见性 5＝1，其他可见性参数均为 0
多拉单极开关	可见性 6＝1，其他可见性参数均为 0
两控单极开关	可见性 7＝1，其他可见性参数均为 0
中间开关	可见性 8＝1，其他可见性参数均为 0

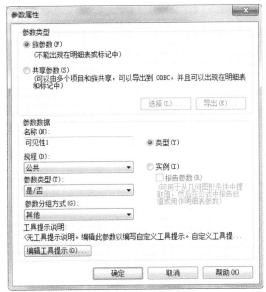

图 5-53

图 5-54

提示

不同的开关虽然图标符号不同，但几何外形相同或类似，可合并为一个族文件，通过设置不同的可见性参数值实现合并。此方法同样适用于其他几何外形相同或类似，但图标符号不同的族。

其次，在楼层平面参照标高视图下，选中类型"开关一般符号"图标，在"属性"对话框中，设置可见性的关联族参数"可见性 1"，见图 5-55。依次设置其他类型图标可见性。

最后，根据设计原则，"粗略"和"中等"详细程度下显示二维图标，"精细"详细程度下显示实体，在"族图元可见性设置"对话框中设置详细程度，见图 5-56。

图 5-55　　　　　　　　　　图 5-56

（2）族参数。

①性能参数。修改相应的电压、级数以及视在负荷值来满足国内设计需要，常用电压与相应级数值参照表5-6。

表5-6　电压、级数对照

国家	电压	级数	国家	电压	级数
美国	120V	1	美国	480V	3
	208V	3	中国	220V	1
	240V	2		380V	3
	277V	1			

对于族"照明开关.rfa"，在族类型中，相应地调整电压值为220V，见图5-57、图5-58。

图 5-57　　　　　　　　　　图 5-58

198

②尺寸参数。大型设备的外形尺寸、安装尺寸根据国家标准或者厂房资料进行调整,对于本次项目,所有配电箱、照明箱、住户电箱安装于墙上,距地面高均为1.5m,开关、触摸延时开关、插座、空调插座暗装于墙上,距地面高分别为1.3m、1.3m、0.3m、2.0m。

对于族"照明开关.rfa",在"族类型"对话框中调整默认高程值为1300mm。

③负荷类型。在族编辑器中,软件同样提供了三种打开负荷的分类和需求系数对话框的方式。

a.单击电力连接件,在连接件"属性"对话框中单击▣按钮打开,见图5-59。

b.在"族类型"对话框中单击▣按钮打开。注意,此方法的适用前提是已经在族中建好参数"负荷分类"。

c.在项目分类浏览器中,右击族类型,单击快捷菜单"类型属性";在"类型属性"对话框中"电气"组别下,单击"负荷分类"右侧的▣进入。注意,此方法的适用前提是已经在族中建好参数"负荷分类"。

对于"照明开关.rfa"族文件,在"族类型"对话框中新建参数"负荷分类",并选择相应的负荷类型,具体设置见图5-60。

图5-59

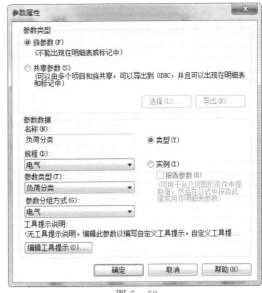

图5-60

这里选择"其他"为开关的负荷类型,见图5-61。对于照明灯具,选择"室内照明"为其负荷类型,对于插座则选择负荷类型"插座"。

完成上述操作,重命名族文件为"开关.rfa"并载入项目文件中。

(3)照明灯具。

对于照明灯具,需进行特殊设置。一是选择合适的光源;二是根据产品样本设置参数值,尤其是光域部分,涉及亮度、色温等,会直接影响后面渲染效果;三是需要添加IES文件。

为照明灯具设置光源的具体步骤如下:首先在族类别和族参数对话框中,勾选"光源",选择视图中光源可见,见图5-62;然后在绘图区单击"光源",在功能栏中单击"光源定义"按钮,见图5-63;最后打开"光源定义"对话框进行相应设置,见图5-64。"根据形状发光"提

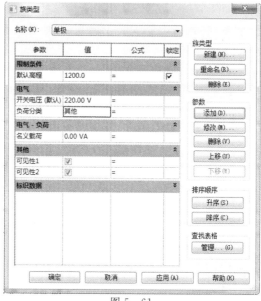

图 5 - 61

供了四种发光方式,分别是点、线、矩形和圆形。"光线分布"提供了四种不同的分布方式,分别是球形、半球形、聚光灯以及光域网。

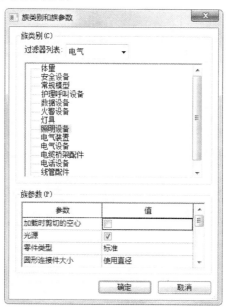

图 5 - 62

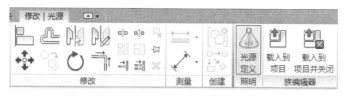

图 5 - 63

🎋 提示

　　前三种光线分布方式只考虑光源几何形体方面的参数；而光域网分布方式，除了考虑光源几何尺寸外，还有亮度、损失系数等。

　　在"光源定义"对话框中，定义光源的形状和光线分布方式，选择不同的发光形状和光线分布方式，其光域参数也会有所不同。下面以"点"为发光方式介绍光域参数，见图 5－65。

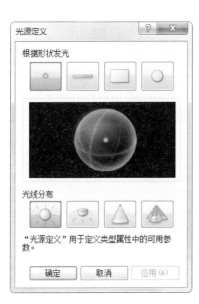

图 5－64

图 5－65

　　①倾斜角：表征光源与安装平面间位置的参数，一般取安装平面水平线与光源中心线之间的夹角。

🎋 提示

　　通常对于安装于天花板的照明设备，其倾角为－90°，而对于台灯类，则为 90°。

　　②光域网文件：此处指定 IES 文件，通常光域网文件还提供其他光域参数信息，比如灯具类型、功率、流明等，为设置族的其他参数提供依据。

　　③光损失系数：表征灯泡/镇流器使用寿命、灯具的外部环境，如灰尘等因素的参数。此处提供简单和高级两种计算方法，不同的计算方法下光总损失系数值不同，见图 5－66 和 5－67。默认设置为简单，"值"设为"1"。

图 5－66

201

图 5 - 67

④初始亮度：提供瓦特、光通量、发光强度及照度四种不同设置亮度的方式，见图 5 - 68。

图 5 - 68

 提示

根据 IES 文件提供的信息，通常取瓦特为默认方式，效力的值为光通量值除以瓦特值。

⑤初始颜色：提供了灯光的颜色及色温设置，既可以选用软件自带的设置，也可以根据实际情况进行自定义。

⑥暗显光线色温偏移：默认设置为"无"。

⑦颜色过滤器：默认设置为"白色"。

⑧沿着线长度发光：只适用于"线"发光方式。

⑨沿着矩形宽度/长度发光：只适用于"矩形"发光方式。

⑩沿着圆直径发光：只适用于"球形"发光方式。

提示

对于"沿着线长度发光""沿着矩形宽度/长度发光""沿着圆直径发光"的取值，其值应略小于灯具外壳尺寸，否则对渲染效果会有一定影响。

5.2.3 照明计算

照明设计由照明供电设计和灯具设计两部分组成。设计主要解决照度计算、导线截面的计算、各种灯具及材料选型问题,并绘制平面布置图、系统图等。本项目的照明设计可分为一般照明设计和应急照明设计,一般照明主要为室内照明和楼梯照明。

 提示

照度计算的目的是,按照规定的照度值及其他已知条件来计算灯泡的功率,确定其光源和灯具的数量。在国内,照度的计算方法主要有三种,即利用系数法、单位容量法和逐点计算法。任何一种方法都只能做到基本上合理,其设计误差控制在±10%~±20%为宜。

Revit MEP 2016 软件采用明细表分析的方式,在满足照度要求的基础上,同时完成灯具的选型和布置,具体步骤如下:

1.添加项目参数"所需照明级别"

在许多文献和国家制定的规范中,对不同建筑照明的照度都有所规定,见表5-7。

表5-7 不同建筑照明密度对比表

居住建筑每户照明功率密度值(LPD)			
场所名称	照明功率密度(W/m²)		对应照度值(lx)
	现行值	目标值	
起居室			100
卧室			75
餐厅	7	6	150
厨房			100
卫生间			100

办公建筑照明功率密度值(LPD)			
场所名称	照明功率密度(W/m²)		对应照度值(lx)
	现行值	目标值	
普通办公室	11	9	300
高档办公室、设计师	18	15	500
会议室	11	9	300
营业厅	13	11	300
文件整理、复印、发行室	11	9	300
档案室	8	7	200

本表引自《电气照明节能设计》(GJBT—970)。

根据建筑内不同空间所需的照度值,将为不同类型的空间(办公室、公共卫生间、会议室等)指定特定的照明级别,首先添加一个新项目参数"所需照明级别"。

单击功能区中"管理"→"项目参数",见图5-69,弹出如图5-70所示对话框,单击"添加",在"参数属性"对话框中作如图5-71所示设置,设置完成后单击"确定"按钮,见图5-72。

图 5－69

图 5－70

图 5－71

图 5 - 72

2.创建"空间照度要求明细表"

单击功能区中"分析"→"明细表/数量",见图 5 - 73,在"新建明细表"对话框中,作相应设置,见图 5 - 74,单击"确定"。

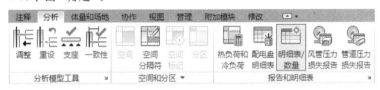

图 5 - 73

图 5 - 74

在"明细表属性"对话框的"字段"选择项卡中,从"可用的字段"列表中选择"所需照明级别",见图 5 - 75,然后单击"添加",将此字段添加到"明细表字段"列表中,单击"确定",见图5 - 76。

图 5-75

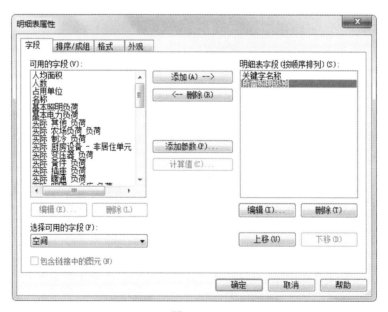

图 5-76

根据项目实际情况,为明细表添加行,并分别输入空间类型及所需照明级别,完成空间照度要求明细表,见图 5-77。

图 5-77

3. 创建"空间照明分析明细表"

在完成空间类型的设置后,为各个空间创建照明分析明细表。单击功能区中"分析"选项卡→"明细表/数量",见图5-78,在"新建明细表"对话框中,作相应设置,见图5-79,单击"确定"。

图 5-78

图 5-79

在"明细表属性"对话框的字段选项卡中,将下列字段添加到明细表字段列表中,见图5-80。明细表属性字段有名称、所需照明级别、平均估算照度、天花板反射、墙反射以及照明计算工作平面。

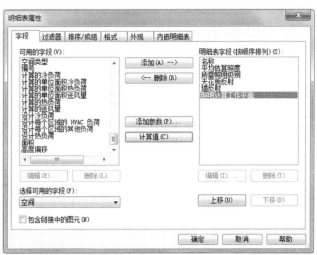

图 5-80

在"明细表属性"对话框中,单击"计算值"。打开"计算值"对话框,见图5-81,然后单击
⋯键,在弹出的"字段"对话框中选择需要添加到公式中的字段,见图5-82,设置完成后单
击"确定",见图5-83。设置"照度差值"为后面灯具数量的设置提供可靠依据。

图5-81   图5-82   图5-83

在"明细表属性"对话框的"格式"选项卡上的"字段"中,选中"照度差值",单击"条件格
式",见图5-84。

图5-84

打开"条件格式"对话框,"照度差值"选择"不介于",设定−55lx~55lx为判定值(可以
根据项目的实际情况来设置)。单击"背景颜色",选择颜色,单击"确定"两次,见图5-85。

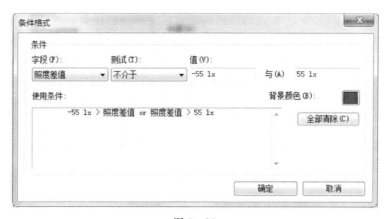

图 5 - 85

注意:可以按照设计需要选择颜色,一般以醒目颜色为好;可以对字段进行字段格式以及空间排序方式的设置,详见第 4 章的"4.3.6 明细表"中"1.创建明细表"的介绍。

空间照明分析明细表见图 5 - 86。根据国内规范(引自《建筑照明设计规范》(GB 50034—2004)),调整"照明计算工作平面"762mm 为 750mm(美国规范的照明计算工作平面值为 762,30×25.4=762mm)。

修改明细表/数量						
<空间照明分析明细表>						
A	B	C	D	E	F	G
名称	平均估算照度	所需照明级别	天花板反射	墙反射	照明计算工作平面	照度差值

图 5 - 86

5.2.4 照明平面图及系统图的设计

灯具主要功能是合理分配光源的光通量,满足环境和作业的配光要求,并且不产生眩光和严重的光幕反射。选择灯具时,除环境光分布和限制眩目的要求外,还应考虑灯具的效率,选择高光效灯具。灯具的布置就是确定灯的空间位置,合理的布置能得到较高的照明质量和较高的艺术效果,接下来以三层某房间为例,具体说明照明平面及系统图的设计。

1.设备布置

配电箱选用 PB40 系列客房配电箱,开关选用单联和双联混合使用。灯具上主要以吸顶灯以及防水防尘灯为主。具体调用电气族和放置族的方式参见本章"5.1.2 设备布置"中的"1.布置电气设备",这里不再赘述。添置灯具,检查空间照明分析明细表,直至照度差值符合设计要求(−55lx~55lx)。

提示

插入灯具时,一般在天花板层面进行操作,可使用"对齐"命令,利用天花板的栅格进行布置。

2.电力系统创建

在配置好配电箱、灯具以及开关之后,创建电力系统。具体定义配电盘的配电系统及创建回路参见本章"5.1.3 系统创建"中的"1.创建配电系统",这里只做简单介绍。

①选中 PB40 配电箱,配置 380/220 星形配电系统,见图 5-87。

图 5-87

②选中所有开关和灯具,单击功能区中"电力",见图 5-88。

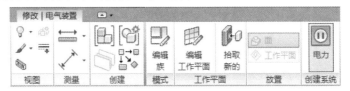

图 5-88

③选择配电盘,见图 5-89。

图 5-89

④选择弧形导线,弧类型主要应用于穿管敷设于墙体、天花板和地板之内的电线,见图5-90。

图 5-90

⑤完成电力线路的连接,见图 5-91。

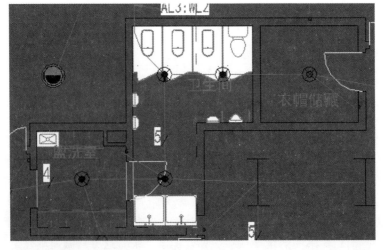

图 5-91

📝 **提示**

可使用"Tab"键检查线路,并拖拽电线使其符合设计线路走向。

3.开关系统创建

开关系统创建步骤如下:

①选中开关所控制的灯具,单击开关系统按钮创建系统,选择开关,见图5-92。

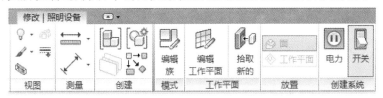

图5-92

②单击功能区中"开关系统"选项卡中的"选择开关",见图5-93,选择相应的开关,再单击"编辑开关系统",见图5-94,再单击选择开关,添加开关所控制的灯具,同样按"Tab"键检查开关线路。

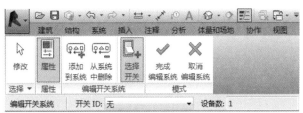

图5-93

图5-94

4.配电盘和回路编号设置

单击配电盘,在"属性"对话框中,做如图5-95所示设置。对配电盘进行命名,可以方便追踪配电盘相关信息,如配电盘明细表、系统组成等。

5.配电盘明细表创建

(1)配电盘明细表简介。

①配电表组成。Revit MEP 2016提供配电盘明细表的功能,用户可以客制化自己的配电盘明细表样板,并用于自己项目中。打开"管理"选项卡→"配电盘明细表样板"下拉按钮→"管理样板"按钮,软件自带的分支配电盘明细表样板见图5-96,其大致由四部分内容组成:页眉、线路表、负荷汇总和页脚。页眉部分描述配电盘的个体信息,如配电盘名称、安装位置、安装方式、电源供电系统等;在线路表中描述配电盘连接回路信息,如线路说明、插槽数、每路跳闸电流、A/B/C三相负荷分布等;负荷汇总部分描述配电盘所连接的各种负荷分类,包括"负荷总量"、"需求系数值"以及"需用电流"等。

图 5 - 95

分支配电盘: ‹配电盘名›								
位置:	‹位置›		伏特:	‹配电系统›	A.I.C. 额定值:	‹额定回路›		
供给源:	‹供给源›		相位:	‹相位数›	干线类型:	‹干线类型›		
安装:	‹安装›		导线:	‹导线数›	干线额定值:	‹干线›		
配电箱:	‹外围›				MCB 额定值:	‹MCB 额定值›		

注释:
‹明细表页眉注释›

CKT	线路说明	跳闸	极	A	B	C
1	‹负荷名称›	‹额定›	‹极数›	‹Val›	‹Val›	‹Val›
2	‹负荷名称›	‹额定›	‹极数›	‹Val›	‹Val›	‹Val›
3	‹负荷名称›	‹额定›	‹极数›	‹Val›	‹Val›	‹Val›
4	‹负荷名称›	‹额定›	‹极数›	‹Val›	‹Val›	‹Val›
			总负荷	‹相位 A 视	‹相位 B 视	‹相位 C
			总安培数	‹相位 A	‹相位 B	‹相位 C

图例:

负荷分类	连接的负荷	需求系数	估计需用	配电盘总数	
‹负荷分类›	‹连接的负荷 (VA)›	‹需求系数›	‹估计需用 (VA)›		
‹负荷分类›	‹连接的负荷 (VA)›	‹需求系数›	‹估计需用 (VA)›	总连接负荷	‹总连接›
‹负荷分类›	‹连接的负荷 (VA)›	‹需求系数›	‹估计需用 (VA)›	总估计需用	‹总估计需用›
‹负荷分类›	‹连接的负荷 (VA)›	‹需求系数›	‹估计需用 (VA)›	总连接电流	‹总连接电流›
‹负荷分类›	‹连接的负荷 (VA)›	‹需求系数›	‹估计需用 (VA)›	总估计需用电流	‹总估计需用电流›
‹负荷分类›	‹连接的负荷 (VA)›	‹需求系数›	‹估计需用 (VA)›		

图 5 - 96

在"修改配电盘明细表样板"选项卡中,配电盘明细表可以进行"样板"、"参数"、"列"、"行"、"单元"以及"文字"部分的编辑。

a. 样板:单击"设置样板选项"按钮,打开"设置样板选项"对话框,编辑配电盘明细表样板的"常规设置"、"线路表"以及"负荷汇总"。"常规设置"包括明细表样板总宽度尺寸、显示插槽数、组成部分选择以及外形边框的设置。Revit MEP 2016 细化了"显示插槽数"的选项,用户可根据需要设置为"基于单极断路器最大数目的变量"或者"固定为常量值",见图5-97。

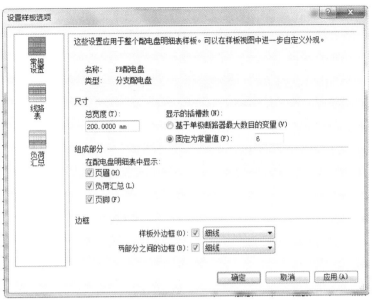

图 5-97

"线路表"设置应用于明细表样板线路表部分,可选择显示负荷的格式,不同的配电盘设置,"选择显示负荷的格式"选项不同。对于"单柱"配电盘配置,选项为"仅每条线路的总负荷"、"每条线路的单独相应负荷"以及"无负荷信息",软件中默认设置为"每条线路的单独相应负荷";对于"双柱"配电盘配置,选项为"按相位分类的负荷"、"拆分列中按相位分类的负荷"、"共用列中按相位分类的负荷"以及"镜像的相位列",软件中默认设置为"拆分列中按相位分类的负荷"。针对单相的配电盘,在线路中可以选择"隐藏三相列"或者"显示三相列,但禁用"。Revit MEP 2016 增加了明细表相位列值设置功能,用户可根据实际设为"负荷"或者"电流",见图 5-98。

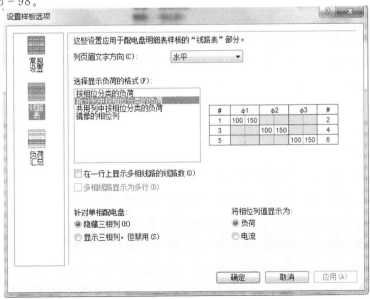

图 5-98

"负荷汇总"设置配电盘明细表的负荷分类类型,提供两个选项:"仅连接到配电盘的负荷"以及"一组固定的负荷分类"。当选择"一组固定的负荷分类"时,在"负荷分类"框中显示模板中所有的负荷分类类型,通过"添加"和"删除"命令设置明细表中需要显示的负荷,见图 5-99。

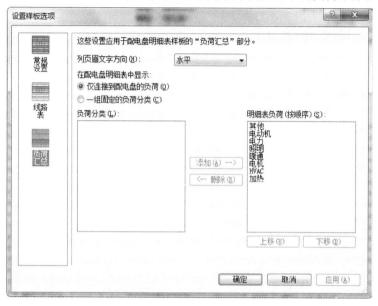

图 5-99

b. 参数:单击明细表单元,高亮显示参数面板。参数设置包括类别选择、添加/删除参数、设置单元格式、计算值以及合并参数。软件提供的参数类别有"电气设备"、"项目信息"和"电路"三类。每种参数类别下参数各不相同,图 5-100 至图 5-102 分别为不同参数类别下的部分参数名称。

图 5-100   图 5-101   图 5-102

使用"设置单位格式"命令,见图 5-103,编辑电流和视在负荷的单位格式,图 5-104 和图 5-105 分别为电流和视在负荷单位格式编辑对话框。

图 5 - 103

图 5 - 104

图 5 - 105

使用"计算值"命令为明细表单元设置计算公式,见图 5 - 106。单击图标,在"计算值"对话框中进行设置,见图 5 - 107,单击 图标,在"公共字段"对话框中选择所需参数,见图 5 - 108。

图 5 - 106

图 5 - 107

图 5 - 108

使用"合并参数"命令合并两个或多个参数的值。单击"合并参数"按钮,见图 5 - 109,在"合并参数"对话框中,通过添加/删除参数命令设置需要合并的多个参数。

图 5-109

c.行和列:在"行和列"参数面板中通过"冻结行和列"、"插入列/行"、"删除列/行"和"调整列宽/行高"命令设置明细表的行列格式,见图5-110。

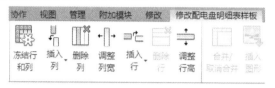

图 5-110

d.单元:单元面板设置包括"合并/取消合并"、"插入图形"、"编辑边界"和"编辑着色"命令,见图5-111。

e.文字:在文字参数面板中编辑单元的字体、水平和垂直对齐方式,见图5-112。

图 5-111

图 5-112

②应用。配电盘明细表目前适用于类型为"电气设备",部件构件为"配电盘"、"开关面板"和"其他配电盘"的族。对于部件构件为"配电盘"的族,在族类型和族参数设置中,其"配电盘配置"共有三个选项,分别为:双柱,线路交叉;双柱,线路下置;单柱,见图5-113。

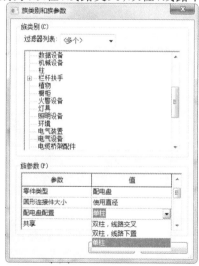

图 5-113

a. 双柱,线路交叉:指配电盘回路从左至右计数,是软件的默认值。

b. 双柱,线路下置:指配电盘回路从左边柱开始由上往下计数。

c. 单柱:指在单一柱上由上往下计数。对于国内的配电盘,选择"单柱"为其参数设置。

③分类。在项目文件中,默认有三种配电盘明细表样板,分别为:分支配电盘、数据配电盘和开关板。不同的样板对应于不同的部件构件类型,一般来说,分支配电盘对应于"配电盘",数据配电盘对应于"其他配电盘",开关板对应于"开关板"。分支配电盘明细表显示配电盘的参数设置、安装空间位置以及所连接的负荷信息。数据配电盘可以连接除去电力设备外的其他任何设备,尤其是电话、火警和安防装置。数据配电盘明细表可以显示面板的参数信息以及所连接的数据接口。开关板明细表与分支配电盘类似。

(2)设置配电盘明细表样板。

Revit MEP 2016 可以为项目配置配电盘明细表样板。首先为 PB 配电箱做初始设置。单击功能区中"管理"选项卡→"配电盘明细表样板"下拉按钮→"管理样板",见图 5 - 114,选择"单柱"为配电盘配置,在样板列表中选中"分支配电盘 1",单击对话框左下角"复制"按钮,如图 5 - 115。在"复制配电盘明细表样板"对话框中输入"PB 配电盘"(当然可以根据项目实际自行定义),单击"确定",见图 5 - 116。

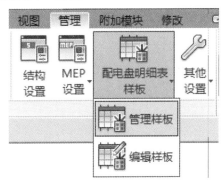

图 5 - 114

图 5 - 115

单击功能区中"管理"选项卡→"配电盘明细表样板"下拉按钮→"编辑样板",选择"单柱"为配电盘配置,在样板列表中选中"PB配电盘",单击"打开",见图5-117。

图5-116 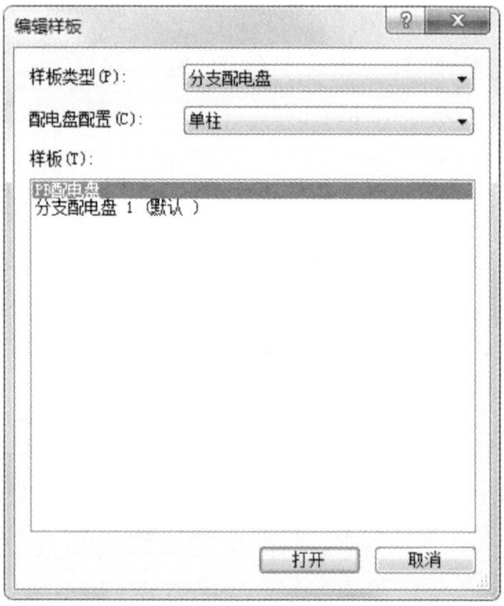　　　　　　　　　　　　　　　　　图5-117

单击"设置样板选项"按钮,见图5-118,在"设置样板选项"对话框中,在常规设置选项中,根据配电箱实际情况对"总宽度"和"显示的插槽数"进行调整。对于顶层某房间,选择PB401型配电箱,其插槽数为6,设置总宽度为200mm,单击"确定"按钮,见图5-119。

图5-118

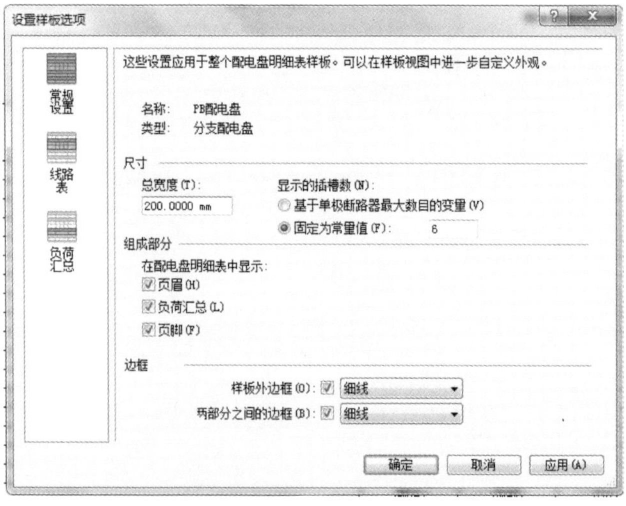

图5-119

根据实际项目，初步设置明细表单元的字体、单位格式，单击"完成样板"按钮。

（3）创建配电盘明细表。

有了配电盘明细表样板，接下来可以为 PB 配电箱创建配电盘明细表。选中 PB 配电箱，在"创建配电盘明细表"下拉菜单中单击"选择样板"，见图 5-120，在"修改样板"对话框中选择"PB 配电箱"并单击"确定"按钮，见图 5-121。

图 5-120　　　　　　　　　　　　　图 5-121

（4）编辑配电盘明细表。

打开配电盘的明细表，在"修改配电盘明细表"选项卡中，编辑线路表如调整线路的位置、预留备用线路等，见图 5-122。

图 5-122

6.照明平面布置图

使用同样的步骤为项目的各个层布置照明系统，图 5-123 为三层照明平面布置图。

在具体为每个空间布置灯具和开关时，可利用"复制""移动"等命令方便快捷地布置设备。

7.制作渲染效果图

Revit MEP 2016 提供的第三方渲染引擎可以很好地展示室内照明的效果。单击"渲染"按钮打开"渲染"对话框，在"渲染"对话框中根据实际需要进行设置。本次渲染设置，选择质量为"高"，输出设置为"屏幕"，照明方案为"室内；仅人造光"，其他设置为"默认"。

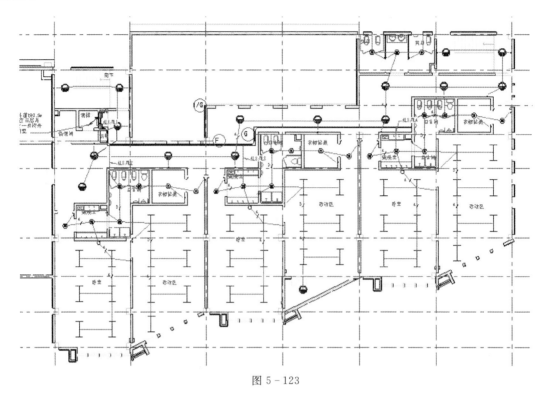

图 5 - 123

提示

软件中提供了各种不同的照明方案、背景样式、人造灯光以及曝光设置,如"室外:仅日光"等,不同的方案可以得到不同的渲染效果。

渲染结束,单击"保存到项目中",如取名字为"3D"(当然也可以根据实际自行定义)。在项目浏览器渲染分支下就可以找到渲染效果图。当然也可以选择"导出"命令,另存渲染效果图,文件类型可以是位图文件、JPEG文件、便携网络图像或者是TIEF文件。

5.3 弱电系统

弱电系统是一个集计算机网络、通信、声像处理、数据处理、自动控制于一体的智能化综合管理系统。通常由五大系统,即通讯自动化系统、楼宇自动化系统、办公自动化系统、消防自动化系统、保安自动化系统组成。五大系统下分计算机网络系统、综合布线系统、计算机管理系统、楼宇设备自控系统、保安监控及防盗报警系统、智能卡系统、通讯系统、卫星及公用电视系统、停车场管理系统、广播系统、会议系统、视屏点播系统、智能小区综合物业管理系统、电子巡更系统、大屏幕显示系统、智能灯光及音响控制系统、火灾自动报警系统及联动控制系统等子系统。

用Revit MEP 2016设计弱电系统,设备、导线布置等方面与前面配电系统及照明系统设计类似,在本节中,将主要介绍弱电系统中所涉及的族文件,以火灾自动报警系统为例,简单介绍本项目弱电系统设计(其他弱电系统与火灾自动报警系统设计流程类似,此处不再赘述)。具体内容如下:

弱电族创建:介绍 Revit MEP 2016 自带族文件,通过修改 Revit MEP 2016 自带的族文件,创建符合项目需要的族文件,见 5.3.1。

火灾报警系统:选择探测器的类型、数量,并按照规范要求进行调整;添加火灾报警控制,进行系统连接,见 5.3.2。

5.3.1 弱电族

与照明设计类似,对于本项目用到的族文件,少部分自己创建,大部分利用 Revit MEP 2016 自带的族文件进行修改。

1.自带构件族简介

在默认安装的情况下,弱电系统族文件存放在以下路径:"C:\ProgramData\Autodesk\RME 2016\Libraries\China\电气构件\信息和通讯"。在"信息和通讯"文件夹下还分如下的子文件夹,见表 5-8。

表 5-8 弱电系统族文件

子文件夹名称	所存放的构件族
安全	安防系统所用族文件,如"读卡器"等
建筑控件	楼宇自控方面的族,如"自动调温器"等
护理呼叫	放置医院系统的族,如"护士室"等
火警	火灾报警方面的族,如"温度探测器"等
通讯	通讯数据传送及广播方面的族,如"扬声器""电话线插口"等

2.修改弱电构件族

Revit MEP 2016 族库中提供大量根据美国标准制作的弱电族,其图例符号有的和国内有差别。所以需要修改族的图标,以满足国内项目设计要求。

具体修改族的图标,详见本章"5.2.2 电气族创建"中"2.修改电气构建族"的"(1)图例文字符号"。

5.3.2 火灾自动报警系统

本节主要介绍感温、感烟探测器、手动报警装置、消防广播等的选择原则、方法以及布局等,本项目的火灾探测器选择以感烟探测器(离子感烟/光电感烟)为主,通过与计算结合确定各个空间所需的探测器数量,同时进行消防广播、消防电话等的设计工作。下面以顶层为例,具体说明火灾自动报警系统图的设计。

1.设备布置

各个房间及走廊配置感烟探测器,在楼梯位置除安装探测器外还安装有手动报警装置及扬声器。探测器安装位置距离地面高度 1.5m 处。对于感烟探测器,一般安装于天花板,为方便起见,可使用对齐命令利用天花板的栅格进行布置,布置见图 5-124。

2.火警系统创建

配置好火灾报警控制器、感温探测器、手动报警装置及扬声器等之后,开始创建火警系统。火警系统的创建与配电系统类似,具体可参见本章"5.1.3 系统创建"中"1.创建配电系统"部分,这里只做简单介绍。

火警系统创建步骤如下:

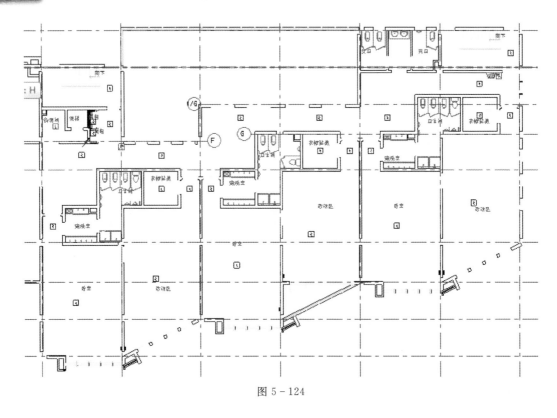

图 5-124

①选中回路中所有探测器、报警装置等,见图 5-125,单击"火警"按钮,见图 5-126。可通过"过滤器"方便准确地选择要操作的探测器和报警装置。

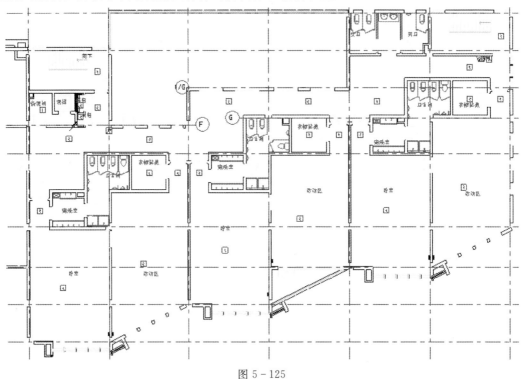

图 5-125

图 5－126

②单击"选择配电盘",选择火灾报警控制器,见图 5－127。

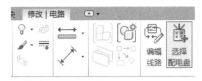

图 5－127

③选择导线类型,见图 5－128。对于"弧形导线",通常表示在墙、天花板或楼层内隐藏的配线;对于"带倒角导线",通常用于表示外露的配线。这里选择"弧形导线"类型。

图 5－128

④完成火警线路的连接,见图 5－129,可使用"Tab"键检查线路,并拖动电线使其符合设计线路走向。

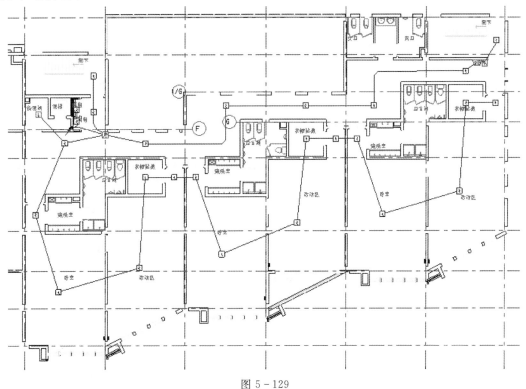

图 5－129

使用同样的步骤为项目的各个楼层布置火灾报警系统。

3. 火警控制器和回路编号设置

为了便于信息追踪,应编辑火警控制器,可以为火灾控制器和回路编号。选中火警控制器,在"属性"对话框中做相应的设置。

4. 创建配电盘明细表样板

(1)为火灾报警控制器做初始设置。

单击功能区中"管理"→"配电盘明细表样板"→"管理样板",见图 5 - 130,在"管理配电盘明细表样板"对话框中选择"数据配电盘"为样板类型,在样板列表中选中"数据配电盘(默认)",见图 5 - 131,单击"复制"按钮,在"复制配电盘明细表样板"对话框输入"火灾报警控制器",单击"确定",见图 5 - 132。

图 5 - 130   图 5 - 131

图 5 - 132

单击功能区中"管理"→"配电盘明细表样板"→"编辑样板",见图 5 - 133,在"编辑样板"对话框中选择"数据配电盘"为样板类型,在样板列表中选中"火灾报警控制器",单击"打开",见图 5 - 134。

图 5 - 133　　　　　　　　　　　　　图 5 - 134

　　单击"设置样板选项"按钮,见图 5 - 135。在"设置样板选项"对话框中"常规设置"选项下,根据火灾报警控制器实际情况对"总宽度"进行调整,设置总宽度为 200mm,单击"确定",见图 5 - 136。

图 5 - 135

图 5 - 136

在明细表中,根据实际情况重命名 CKT 为"回路编号",线路说明为"回路名称",单击"完成样板"。

(2)创建配电盘明细表。

为火灾报警控制器创建配电盘明细表。在一层控制间,选择"火灾报警控制器",在"创建配电盘明细表"下拉菜单中单击"选择样板",选择"火灾报警控制器",单击"确定",得到三层火警控制器的明细表。

5.4 电缆桥架与线管

电缆桥架和线管的敷设是电气布线的重要部分。Revit MEP 2016 具有电缆桥架和线管功能,进一步强化了管路系统三维建模,完善了电气设计功能,并且有利于全面进行 MEP 各专业和建筑、结构设计间的碰撞检查。本节将具体介绍 Revit MEP 2016 所提供的电缆桥架和线管功能。

另外,电缆桥架和线管与其他两种管路——风管及管道——在功能框架上有一致性和延续性,所以,熟悉 Revit MEP 2016 风管和管道功能的用户能很快掌握电缆桥架和线管的功能。

当然,电缆桥架和线管针对各自建模特点,也具有一些特有的功能。下面将就电缆桥架和线管分别阐述。

5.4.1 电缆桥架

Revit MEP 2016 的电缆桥架功能可以绘制生动的电缆桥架模型。目前电缆桥架形式有梯形和槽型两种,见图 5-137。

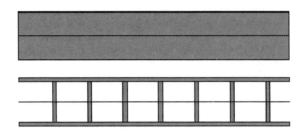

图 5-137

1.电缆桥架类型

Revit MEP 2016 提供了两种不同的电缆桥架形式:"带配件的电缆桥架"和"无配件的电缆桥架"。"无配件的电缆桥架"适用于设计中不明显区分配件的情况。"带配件的电缆桥架"和"无配件的电缆桥架"是作为两种不同的系统族来实现的,并在这两个系统族下面添加不同的类型。Revit MEP 2016 提供的"机械样板"项目样板文件中分别给"带配件的电缆桥架"和"无配件的电缆桥架"配置了默认类型,见图 5-138。

"带配件的电缆桥架"的默认类型有梯级式电缆桥架、槽式电缆桥架;"无配件的电缆桥架"的默认类型也有梯级式电缆桥架、槽式电缆桥架。其中,"梯级式电缆桥架"的截面形状为"梯形","槽式电缆桥架"的截面形状为"槽型"。

🏵 提示

系统族无法自行创建,但可以创建、修改和删除系统族的族类型。

和风管、管道一样,项目之前要设置好电缆桥架类型。可以用以下三种方法查看并编辑电缆桥架类型:

(1)单击功能区中"系统"选项卡→"电气"面板→"电缆桥架"按钮,在"属性"对话框中单击"编辑属性"按钮,见图5-139。

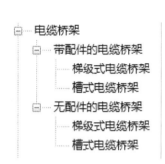

图5-138　　　　　　　　　　　　　　　图5-139

(2)单击功能区中"系统"选项卡→"电气"面板→"电缆桥架"按钮,在上下文选项卡"修改|放置电缆桥架"的"属性"面板中单击"类型属性",见图5-140。

图5-140

(3)在项目浏览器中,展开"族"中"电缆桥架",展开"电缆桥架",并展开族的类型,双击要编辑的类型就可以打开"类型属性"对话框,见图5-141。

在电缆桥架的"类型属性"对话框中,"管件"组别下需要定义管件配置参数:"水平弯头/垂直内弯头/垂直外弯头/T型三通/交叉线/过渡件/活接头"。见图5-142。

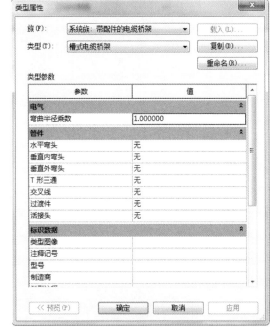

图 5 - 141   图 5 - 142

通过为这些参数指定电缆桥架配件族,可以配置在管路绘制过程中自动生成的管件(或称配件)。软件自带的项目样板"机械样板"中预先配置了电缆桥架类型,并分别指定了各种类型下的"管件"默认使用的电缆桥架配件族。这样,绘制桥架时,所指定的电缆桥架配件可以自动放置到绘图区和桥架连接。

提示

(1)如果要新建形状为梯形的电缆桥架类型,必须从原有的形状为梯形的电缆桥架类型复制过来;同样,如果要新建形状为槽型的电缆桥架,需要通过复制原有形状为槽型的电缆桥架类型。

(2)如果要在其他已生成的项目文件中使用项目样板文件中相同的"电缆桥架类型"设置,可以用"管理"中"传递项目参数"将项目样板文件中配置好的"电缆桥架类型"复制过去。

2.电缆桥架配件族

Revit MEP 2016 自带的族库中,提供了专为中国用户创建的电缆桥架配件族。

下面以水平弯通为例,配件族有"托盘式电缆桥架水平弯通.rfa"(如图 5 - 143 所示)、"梯级式电缆桥架水平弯通.rfa"(如图 5 - 144 所示)和"槽式电缆桥架水平弯通.rfa"(如图 5 - 145所示)三种。

提示

由于电缆桥架模型的特点,创建和使用电缆桥架的配件族须注意以下两点:

(1)"槽式"和"梯式"。

在族编辑器中,电缆桥架配件族的"部分类型"分"槽式"和"梯式"两种形状,如"槽式 T 型三通""梯式 T 型三通"。

(2)垂直方向和水平方向。

图 5 - 143

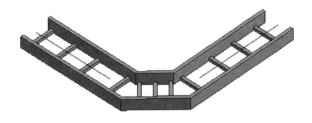

图 5 - 144

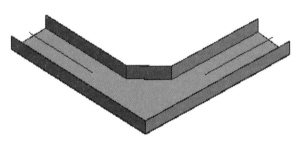

图 5 - 145

  电缆桥架的形状较复杂,垂直方向的配件和水平方向有所不同,针对电缆桥架中水平弯头和垂直弯头须设置不同的管件参数,便于绘制电缆桥架时自动连接水平方向和垂直方向的弯头。

3. 电缆桥架的设置

  布置电缆桥架前,先按照设计要求对桥架进行设置,为设计和出图作准备。

  在"电气设置"对话框中定义"电缆桥架设置"。单击功能区中"管理"选项卡→"MEP 设置"下拉列表 →"电气设置"(也可单击功能区中"系统" →"电气"→"电气设置"),在"电气设置"对话框的左侧面板中,展开"电缆桥架设置",见图 5 - 146。

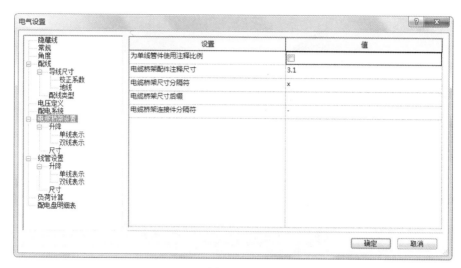

图 5 - 146

（1）定义设置参数。

首先，在"电缆桥架设置"的右侧面板定义以下参数：

①为单线管件使用注释比例：该设置用来控制电缆桥架配件在平面视图中的单线显示。如果勾选该选项，将在下一行的"电缆桥架配件注释尺寸"参数所指定的尺寸绘制桥架和桥架附件。

注意，修改该设置只影响后面绘制的构件，并不会改变修改前已在项目中放置的构件的打印尺寸。

②电缆桥架配件注释尺寸：指定在单线视图中绘制的电缆桥架配件出图尺寸。无论图纸比例为多少，该尺寸始终保持不变。

③电缆桥架尺寸分隔符：该参数指定用于显示电缆桥架尺寸的符号。例如，如果使用"×"，则宽为 300mm、深度为 100mm 的桥架将显示为"300mm×100mm"。

④电缆桥架尺寸后缀：指定附加到根据"实例属性"参数显示的电缆桥架尺寸后面的符号。

⑤电缆桥架连接件分隔符：指定在使用两个不同尺寸的连接件时用来分隔信息的符号。

（2）设置"升降"和"尺寸"。

展开"电缆桥架设置"并设置"升降"和"尺寸"。

①"升降"。

"升降"选项用来控制电缆桥架标高变化时的显示。

单击"升降"，在右侧面板中，可指定电缆桥架升/降注释尺寸的值，见图 5 - 147。该参数用于指定在单线视图中绘制的升/降注释的出图尺寸。无论图纸比例为多少，该注释尺寸始终保持不变。默认设置为 3mm。

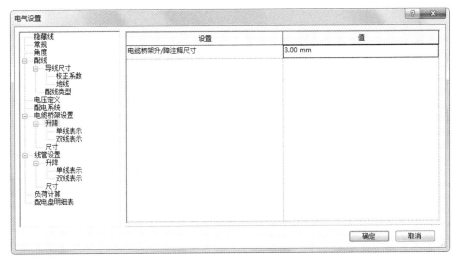

图 5 - 147

在左侧面板中,展开"升降",单击"单线表示",可以在右侧面板中定义在单线图纸中显示的升符号、降符号,见图 5 - 148。单击相应"值"列并单击按钮,打开"选择符号"对话框选择相应符号。使用同样的方法设置"双线表示",定义在双线图纸中显示是升符号、降符号,见图 5 - 149。

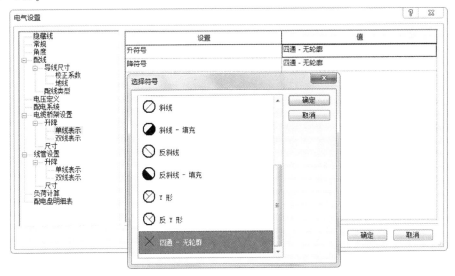

图 5 - 148

②尺寸。

单击"尺寸",右侧面板会显示可在项目中使用的电缆桥架尺寸表,在表中可以查看、修改、新建和删除当前项目文件中的电缆桥架尺寸,见图 5 - 150。尺寸表中,在某个特定尺寸右侧勾选"用于尺寸列表",表示在整个 Revit MEP 的电缆桥架尺寸列表中显示所选尺寸;如果不勾选,该尺寸将不会出现在这些尺寸下拉列表中。见图 5 - 151。

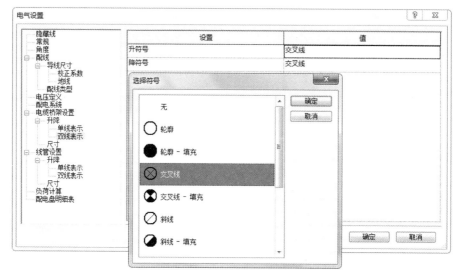

图 5-149

图 5-150

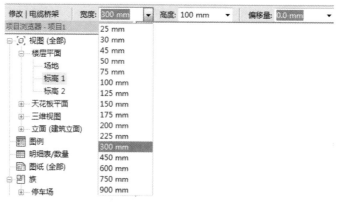

图 5-151

此外,"电气设置"还有一个公用选项"隐藏线",见图 5-152,用于设置图元之间交叉、发生遮挡关系时的显示。它和"机械设置"的"隐藏线"是同一设置。

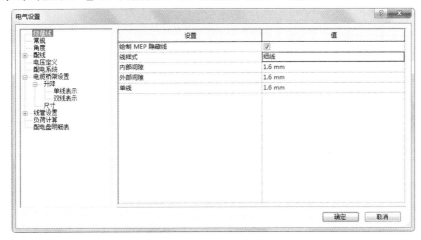

图 5-152

4.绘制电缆桥架

在平面视图、立面视图、剖面视图和三维视图中均可绘制水平、垂直和倾斜的电缆桥架。

（1）基本操作。

进入电缆桥架绘制模式有以下几种方式：

①单击功能区中"系统"选项卡→"电气"面板→"电缆桥架",见图 5-153。

图 5-153

②选中绘图区已布置构件族的电缆桥架连接件,右击鼠标,单击快捷菜单中的"绘制电缆桥架"。

③直接键入 CT。

按照以下步骤绘制电缆桥架：

①选择电缆桥架类型。在电缆桥架"属性"对话框中选择所需要绘制的电缆桥架类型,见图 5-154。

②选择电缆桥架尺寸。单击"修改|放置电缆桥架"选项栏上"宽度""高度"右侧下拉按钮,选择电缆桥架尺寸,见图 5-155。也可以直接输入欲绘制的尺寸,如果在下拉列表中没有该尺寸,系统将从列表中自动选择和输入尺寸最接近的尺寸。

图 5-154

233

图 5 - 155

③指定电缆桥架偏移。默认"偏移量"是指电缆桥架中心线相对于当前平面标高的距离。重新定义电缆桥架"对正"方式后,"偏移量"指定的距离含义将发生变化。在"偏移量"选项中单击下拉按钮,可以选择项目中已经用到的偏移量,也可以直接输入自定义的偏移量数值,默认单位为毫米。

④指定电缆桥架起点和终点。将鼠标移至绘图区域,单击即可指定电缆桥架起点,移动至终点位置再次单击,完成一段电缆桥架的绘制。可以继续移动鼠标绘制下一段,绘制过程中,根据绘制路线,在"类型属性"对话框中预设好的电缆桥架管件将自动添加到电缆桥架中。绘制完成后,按"Esc"键或者右击鼠标选择"取消"退出电缆桥架绘制命令。见图5 - 156。

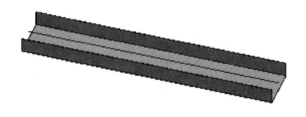

图 5 - 156

✿ 技巧

绘制垂直电缆桥架时,可在立面视图或剖面视图中直接绘制,也可以在平面视图绘制:在选项栏上改变将要绘制的下一段水平桥架的"偏移量",就能自动连接出一段垂直桥架。

(2)电缆桥架对正。

在平面视图和三维视图中绘制电缆桥架时,可以通过"修改|电缆桥架"选项卡中的"对正"命令指定电缆桥架的对齐方式。见图 5 - 157。单击"对正",打开"对正编辑器"上下文选项卡,见图 5 - 158。

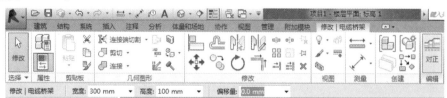

图 5 - 157

图 5 - 158

 提示

"修改|电缆桥架"选项卡中的"对正"与在"属性"对话框的"限制条件"中设置"对正"效果相同。

①水平对正:用来指定当前视图下相邻两段管道之间的水平对齐方式。"水平对正"方式有"中心"、"左"和"右"。

"水平对正"后的效果还与绘制方向有关,如果自左向右绘制,选择不同"水平对正"方式的绘制效果不同。

②水平偏移:用于指定起始点位置与实际绘制位置之间的偏移距离。该功能多用于指定电缆桥架和前面提及的其他参考图元之间的水平偏移距离。比如,设置"水平偏移"值为500mm后,捕捉墙体中心线绘制宽度为 100mm 的直段,这样实际绘制位置是按照"水平偏移"值偏移墙体中心线的位置。同时,该距离还与"水平对齐"方式及绘制方向有关。

③垂直对正:用来指定当前视图下相邻段之间垂直对齐方式。"垂直对正"方式有:"中""底""顶"。

"垂直对正"的设置会影响"偏移量",设置不同的"垂直对正"方式,绘制完成后的电缆桥架偏移量(即管中心标高)会发生变化。

另外,电缆桥架绘制完成后,可以使用"对正"命令修改对齐方式。选中需要修改的电缆桥架,单击功能区中"对正",进入"对正编辑器",选择需要的对齐方式和对齐方向,单击"完成",见图 5-159。

(3)自动连接。

在"修改|放置电缆桥架"选项卡中有"自动连接"这一选项,见图 5-160。默认情况下,这一选项是激活的。

图 5-159 图 5-160

激活与否将决定绘制电缆桥架时是否自动连接到相应电缆桥架上,并生成电缆桥架配件。当激活"自动连接"时,在两直段相交位置自动生成四通,见图 5-161;如果不激活,则不生成电缆桥架配件,见图 5-162。

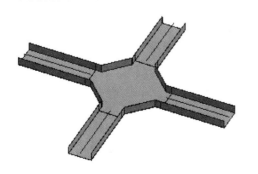 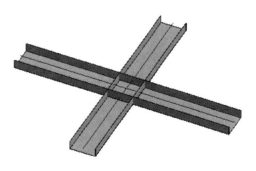

图 5-161 图 5-162

🌾 **提示**

"自动连接"功能使绘图方便智能。但要注意的是,当绘制不同高程的两路电缆桥架时,可暂时去除"自动连接",以避免误连接。

(4)继承高程、继承大小。

利用这两个功能,绘制桥架时可以自动继承捕捉到的图元的高程、大小。

(5)电缆桥架配件的放置和编辑。

电缆桥架连接中要使用电缆桥架配件。下面将介绍绘制电缆桥架时配件族的使用。

①放置配件。在平面视图、立面视图、剖面视图和三维视图中都可以放置电缆桥架配件。放置电缆桥架配件有两种方法:自动添加和手动添加。

a. 自动添加:在绘制电缆桥架过程中自动加载的配件需在"电缆桥架类型"中的"管件"参数中指定。

b. 手动添加:是在"修改|放置电缆桥架配件"模式下进行的,有以下方式:

方式1:单击功能区中"系统"→"电气"→"电缆桥架配件",见图5-163。

图5-163

方式2:在项目浏览器中,展开"族"→"电缆桥架配件",将"电缆桥架配件"下的族直接拖到绘图区域。

方式3:直接键入TF。

②编辑电缆桥架配件。在绘图区域中单击某一电缆桥架配件后,周围会显示一组控制柄,可用于修改尺寸、调整方向和进行升级或降级。

a. 在配件的所有连接件都没有连接时,可单击尺寸标注改变宽度和高度,见图5-164。

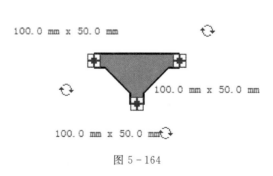

图5-164

b. 单击 ⇄ 符号可以实现配件水平或垂直翻转180°。

c. 单击 ↻ 符号可以旋转配件。注意:当配件连接了电缆桥架后,该符号不再出现。

d. 如果配件的旁边出现加号,表示可以升级该配件。例如,弯头可以升级为T型三通,T型三通可以升级为四通。

通过未使用连接件旁边的减号可以将该配件降级。例如,带有未使用连接件的四通可以降级为 T 型三通,带有未使用连接件的 T 型三通可以降级为弯头。如果配件上有多个未使用的连接件,则不会显示加减号。

(6)带配件和无配件的电缆桥架。

绘制"带配件的电缆桥架"和"无配件的电缆桥架"在功能上是不同的。图 5-165(a)、(b)、(c)、(d)分别为用"带配件的电缆桥架"和用"无配件的电缆桥架"绘制出的电缆桥架,通过对比可以明显看出两者的区别。

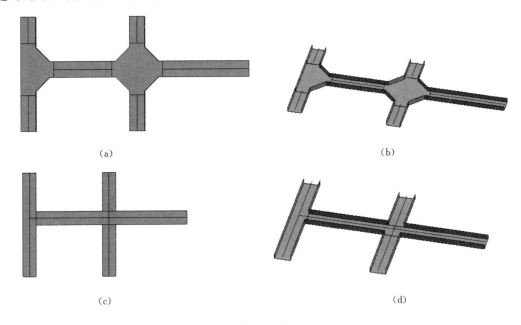

(a)   (b)

(c)   (d)

图 5-165

a.绘制"带配件的电缆桥架"时,桥架直段和配件间由分隔线分为各自的几段。

b.绘制"无配件的电缆桥架"时,转弯处和直段之间并没有分隔,桥架交叉时,桥架自动被打断,桥架分支时也是直接相连而不插入任何配件。

5.电缆桥架显示

在视图中,电缆桥架模型不同的"详细程度"显示不同,可通过点击"视图控制栏"的"详细程度"按钮,切换"粗略""中等""精细"三种粗细程度。电缆桥架的三种视图显示分别是:

(1)精细:默认显示电缆桥架实际模型。

(2)中等:默认显示电缆桥架最外面的方形轮廓(2D 时为双线,3D 时为长方体)。

(3)粗略:默认只显示电缆桥架的单线。

以梯形电缆桥架为例,三种显示程度的对比如表 5-10 所示。

表 5 - 10　三种显示程度的对比

	2D	3D
粗略		
中等		
精细		

在创建电缆桥架配件相关族的时候,应注意配合电缆桥架显示特性,确保整个电缆桥架管路显示协调一致。

5.4.2　线管

1.线管的类型

和电缆桥架一样,Revit MEP 的线管也提供了两种线管管路形式:无配件的线管和带配件的线管,见图 5 - 166。Revit MEP 提供的"机械样板"项目样板文件中为这两种系统族分别默认配置了两种线管类型:"刚性非金属线管(RNC Sch 40)"和"刚性非金属线管(RNC Sch 80)"。同时,用户也可以自行添加定义线管类型。

添加或编辑线管的类型,可以单击功能区中"系统"选项卡→"线管",在右侧出现的"属性"对话框中单击"编辑类型",则出现"类型属性"对话框,见图 5 - 167。

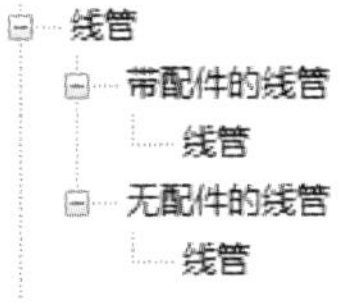

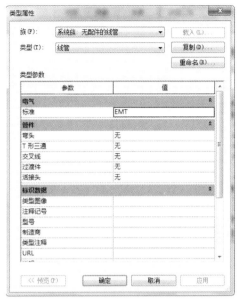

图 5-166

图 5-167

其中：

(1)标准：通过选择标准决定线管所采用的尺寸列表，与"电气设置"→"线管设置"→"尺寸"中的"标准"参数相对应。

(2)管件：管件配置参数用于指定与线管类型配套的管件："弯头/T 型三通/接头/交叉线/过渡件/活接头"。通过这些参数可以配置在线管绘制过程中自动生成的线管配件。

2.线管设置

绘制线管之前，根据项目对线管进行设置。

在"电气设置"对话框中定义"线管设置"：单击功能区中"管理"→"MEP 设置"→"电气设置"(也可单击功能区中"系统"→"电气"→"电气设置")，在"电气设置"对话框的左侧面板中，展开"线管设置"，见图 5-168。

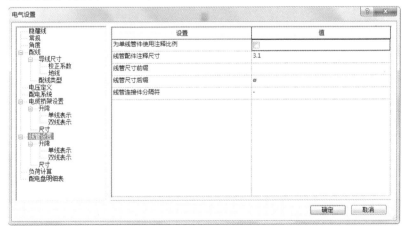

图 5-168

线管的基本设置和电缆桥架类似，在此不再赘述。但线管的尺寸设置略有不同，下面将着重介绍。

单击"线管设置"→"尺寸",见图5-169,在右侧面板中就可以设置线管尺寸。

图5-169

首先,针对不同"标准",可创建不同的尺寸列表,右侧面板的"标准"项,单击下拉按钮,可以选择要编辑的"标准";单击一侧的"新建""删除"即可创建或删除当前尺寸列表。

然后,在当前尺寸列表中,可以"新建尺寸"、"删除尺寸"和"修改尺寸"。其中尺寸定义中:ID表示线管的内径;OD表示线管的外径;最小弯曲半径是指弯曲线管时所允许的最小弯曲半径。软件中弯曲半径指的是圆心到线管中心的距离。

新建的尺寸"规格"和现有列表不允许重复。如果在绘图区域已绘制了某尺寸的线管,该尺寸将不能被删除,需要先删除项目中的线管,才能删除尺寸列表中的尺寸。

 提示

当绘制"无配件的线管"时,尺寸列表所指定的"最小弯曲半径"将作为线管的默认弯曲半径。

3.绘制线管

在平面视图、立面视图、剖面视图和三维视图中均可绘制水平、垂直和倾斜的线管。

(1)基本操作。

进入线管绘制模式有以下方式:

a.单击功能区中"系统"选项卡→"电气"面板→"线管",见图5-170。

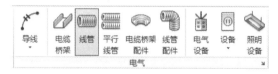

图5-170

b.选中绘图区中已布置构件族的线管连接件,右击鼠标,单击快捷菜单中的"绘制线管"。

c.直接键入 CN。

绘制线管的具体步骤和电缆桥架、风管、管道均类似。

Revit MEP 2016 新增加了绘制平行线管的功能,见图 5 - 171。平行线管的绘制是指根据已有的线管,绘制出与其水平或垂直方向平行的线管,并不能直接绘制若干平行线管。通过指定"水平数""水平偏移"等参数来控制平行线管的绘制,其中"水平数"和"垂直数"的设置,见图5 - 172。

图 5 - 171

图 5 - 172

(2)带配件和无配件的线管。

线管也分为"带配件的线管"和"无配件的线管",绘制时要注意这两者的区别。两者的显示对比见图 5 - 173。

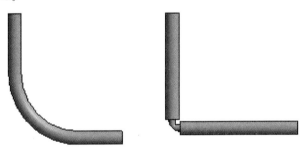

图 5 - 173

另外,用"带配件的线管"和"无配件的线管"的差别还体现在明细表统计中。

在项目中直接修改"弯曲半径"时,选中"无配件的线管"的弯头,会出现弯曲半径的临时标注,同时选项栏会出现"弯曲半径"这一项,这时,可以直接修改线管的"弯曲半径":修改临时标注中的值或在选项栏中填入"弯曲半径"的值。

第6章 碰撞检查

6.1 碰撞检查介绍

水暖电模型搭建好以后,需要进行综合管线碰撞,找出并调整有碰撞的管线。利用 Revit MEP的"碰撞检查"功能可以快速准确地查找项目中图元之间或主题项目和链接模型的图元之间的碰撞并加以解决,操作步骤如下:

1.选择图元

如果要对项目中部分图元进行碰撞检查,应选择所需检查的图元。如果要检查整个项目中的图元,可以不选择任何图元,直接进入运行碰撞检查。

2.运行碰撞检查

选择所需进行碰撞检查的图元,单击"协作"选项卡→"坐标"→"碰撞检查"下拉列表→"运行碰撞检查",弹出"碰撞检查"对话框,如图6-1所示。如果在视图中选择了几类图元,则该对话框将进行过滤,可根据图元类别进行选择;如果未选择任何图元,则对话框将显示当前项目中的所有类别。

图 6-1

3.选择"类别来自"

在"碰撞检查"对话框中,分别从左侧的第一个"类别来自"和右侧的第二个"类别来自"下拉列表中选择一个值,这个值可以是"当前选择""当前项目",也可以是链接 Revit 模型,软件将检查类别1中图元和类别2中图元的碰撞,如图6-2所示。

在检查和"链接模型"之间的碰撞时应注意如下几点：

(1)能检查"当前选择"和"链接模型(包括其中的嵌套链接模型)"之间的碰撞。

图 6 - 2

(2)能检查"当前项目"和"链接模型(包括其中的嵌套链接模型)"之间的碰撞。

(3)不能检查项目中两个"链接模型"之间的碰撞。一个类别选择了链接模型后,另一个类别无法再选择其他链接模型。

4.选择图元类别

分别在类别 1 和类别 2 下勾选所需检查图元的类别,如图 6 - 3 所示,将检查"当前项目"中"机械设备"类别的图元和"当前项目"中"风管""风管末端"类别的图元之间的碰撞。

图 6 - 3

如图 6-4 所示,将检查"当前项目"中"管件""风道末端"类别的图元和链接模型"当前项目"中"结构框架"类别的图元之间的碰撞。

图 6-4

5.检查冲突报告

完成上述步骤后,单击"碰撞检查"对话框右下角的"确定"按钮。如果没有检查出碰撞,则会显示一个对话框,通知"未检测到冲突";如果检查出碰撞,则会显示"冲突报告"对话框,该对话框会列出两两之间相互发生冲突的所有图元。例如,运行管道与风管的碰撞检查,则对话框会先列出管道类别,然后列出与管道有冲突的风管,以及两者对应的图元 ID 号,如图6-5 所示。

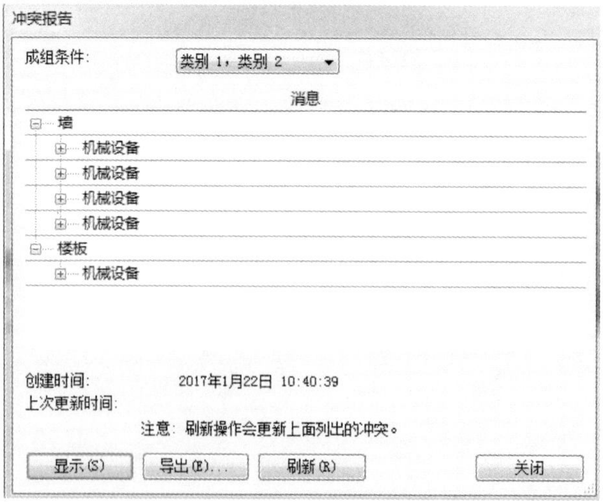

图 6-5

在"冲突报告"对话框中可进行如下操作：

(1 显示：要查看其中一个有冲突的图元，在"冲突报告"对话框中单击该图元的名称下方的"显示"按钮，该图元将在当前视图中高亮显示，如图6-6所示。要解决冲突，在视图中直接修改该图元即可。

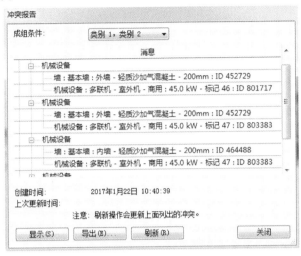

图6-6

(2)刷新：解决冲突后，在"冲突报告"对话框中单击"刷新"按钮，则会从冲突列表中删除发生冲突的图元。注意"刷新"仅重新检查当前报告中的冲突，它不会重新运行碰撞检查。

(3)导出：可以生成HTML版本的报告。在"冲突报告"对话框中单击"导出"按钮，在弹出的对话框中输入名称，定位到保存报告的所需文件夹，然后再单击"保存"按钮。关闭"冲突报告"对话框，要再次查看生成的上一个报告，可以单击"协作"选项卡→"坐标"→"碰撞检查"下拉列表→"显示上一个报告"，如图6-7所示。该工具不会重新运行碰撞检查。

图6-7

6.2 案例介绍

将之前建立好的水暖电模型用链接的方式链接到建筑结构模型中，定位选择"原点到原点"，如图6-8所示。

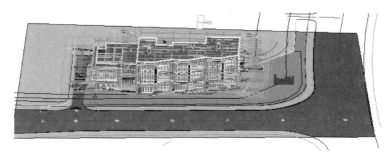

图 6-8

运行碰撞检查,单击"协作"选项卡→"坐标"→"碰撞检查"下拉列表→"运行碰撞检查",弹出"碰撞检查"对话框,勾选所需检查的类别,如图 6-9 所示。

图 6-9

单击"确定"按钮,运行碰撞检查,如图 6-10 所示,即可在"冲突报告"对话框中进行显示、导出及修改刷新等操作。

同目前在二维图纸上进行管线综合相比,使用 Revit MEP 进行管线综合,不仅具有直观的三维显示,而且能快速准确地找到并修改碰撞的图元,从而极大地提高绘制管线综合的效率和正确性,使项目的设计和施工质量得到保证。

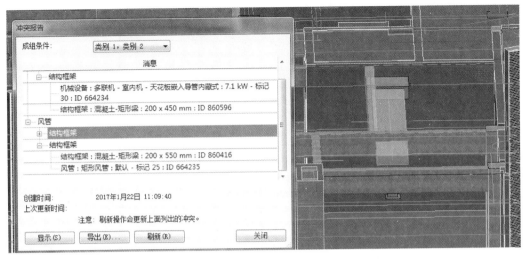

图 6-10

6.3 技巧应用要点分析

6.3.1 碰撞优化技巧

在管线综合优化之前,要有一个大概的管线空间布局。要知道大概的安装空间高度是多少、最终管线安装完成面高度是否符合天花板设计高度、了解每个系统大概的空间高度。有了这些定位后开始调整管线,就会减少许多不必要的重要性工作。

1. 在 Revit 中进行碰撞检查

(1)在刚开始的时候要有针对性地碰撞检查。首先针对大管线和建筑结构的调整。一般情况下管线和建筑的碰撞可以先不考虑,首先考虑和结构的碰撞(个人习惯)。

(2)在 Revit 碰撞检查中所需碰撞检查的构件不可以进行直接过滤,但是可以在弹出的"碰撞检查"对话框中勾选所需构件进行过滤。如图 6-11 所示,首先进行结构和管道的碰撞。

(3)运行结构和管道的碰撞时,由于结构模型绑定到项目中,结构模型以组的碰撞在项目中存在,但是在 Revit 中运行碰撞检查,不能检测到模型和模型组的碰撞。这时首先要过滤出想要和结构碰撞的管线,选择过滤出来的管线,然后运行碰撞检查,如图 6-12 所示。

(4)然后根据碰撞报告逐步修改碰撞。修改的时候要有先后顺序,这样可以避免一些重要性工作。

图 6 - 11

图 6 - 12

2. 在 Revit 中修改碰撞点

（1）首先修改管径较大的管道，先确定其具体位置。当然在修改的时候除管径较大的管道要考虑外，管径较大的风管、电缆桥架也要考虑。

（2）为方便选择、修改，一般情况下修改碰撞选择在三维视图中进行，如图 6 - 13 所示。

图 6 – 13

（3）设备管线与结构的碰撞基本解决后即可开始调整管线和管线之间的碰撞。

（4）有的时候会显示找不到合适的视图，这时只要在三维模型中随便地旋转一下视图即可。

（5）具体的管线优化操作应基本掌握，遇到问题后再进行针对性的总结。

优化管线常用的视图命令有："隔离图元 HI""隐藏 HH""显示 HR""拆分图元 SL""修建 TR""对齐 AL""创建类型实例 CS""匹配类型属性 MA"等。

6.3.2　碰撞检查、设计优化原则

（1）大管优化。因小管道造价低易安装，且大截面、大直径的管道，如空调通风管道、排水管道等占据的空间较大，因此大管在平面图中先作布置。

（2）临时管线避让长久管线。

（3）有压让无压。无压管道，如生活污水排水管、粪便污水排水管、雨排水管、冷凝水排水管都是靠重力排水，因此，水平管段必须保持一定的坡度，这是无压排水的必要和充分条件，所以无压管道在与有压管道交叉时，有压管道应避让。

（4）金属管避让非金属管。因为金属管较容易弯曲、切割和连接。

（5）冷水避让电气。在冷水管道垂直下方不宜布置电气线路。

（6）电气避让热水。在热水管道垂直下方不宜布置电气线路。

（7）消防水管避让冷冻水管（同管径）。因为冷冻水管有保温要求，有利于工艺和造价。

（8）低压管避让高压管。因为高压管造价高。

（9）强弱电分设。由于弱电线路如电信、有线电视、计算机网路和其他建筑智能线路易受强电线路电磁场的干扰，因此强电线与弱电线不应敷设在同一个电缆槽内，而且要留一定距离。

（10）附近少的管道避让附近多的管道。这样有利于施工和检修，更换管件。各种管线在同一处布置时，还应尽可能做到呈直线、相互平行、不交错，还要考虑预留出施工安装、维修更换的操作距离，以及设置支、柱、吊架的空间等。

（11）一般情况下，电线桥架等管线在最上面，风管在中间，水管在最下方（根据设计师设

计要求确定)。

(12)在满足设计要求、美观要求的前提下尽可能节约空间。

(13)其他优化管线的原则可参考各个专业的设计规范。

6.3.3 修改同一标高水管间的碰撞

当同一标高水管发生碰撞时(见图6-14),可以按照如下步骤进行修改:

(1)单击"修改"上下文选项卡→"编辑"→"拆分",或使用快捷键SL,在发生碰撞的管道两侧单击,如图6-15所示。

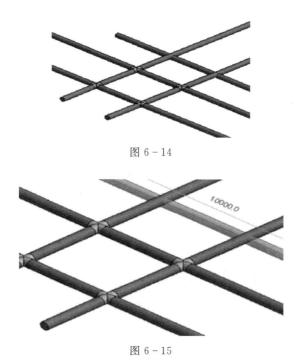

图6-14

图6-15

(2)选择中间的管道,按Delete键删除该管道。

(3)单击"管道"工具,或使用快捷键PI,把鼠标光标移动到管道缺口处,出现捕捉时单击,输入修改后的标高,移动到另一个管道缺口处,单击即可完成管道碰撞的修改,如图6-16所示。

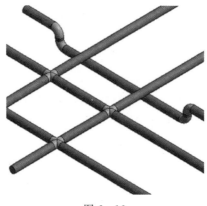

图6-16

第7章 协同工作

7.1 使用工作集协同设计

对于许多建筑项目,建筑师都会进行团队协作,并且每个人都会被指定一个特定功能区。这就会出现在同一时间要处理和保存项目的不同部分的现象。Revit Architecture 项目可以细分为工作集。

工作集即为每一次可由一位项目成员编辑的建筑图元的集合,所有其他工作组成员可以查看此工作集中的图元,但禁止修改此工作集,这样就防止了在项目中可能发生的冲突。因此,工作集的功能类似于 AutoCAD 的外部参照(xref)功能,但工作集具有附加的传播和协调设计者之间的修改的功能。

7.1.1 启用和设置工作集

1.创建工作集

(1)单击"协作"选项卡下"管理协作"面板中的"工作集"按钮,弹出"工作共享"对话框,见图 7-1,在对框中输入默认工作集的名称,单击"确定"按钮启动工作集。

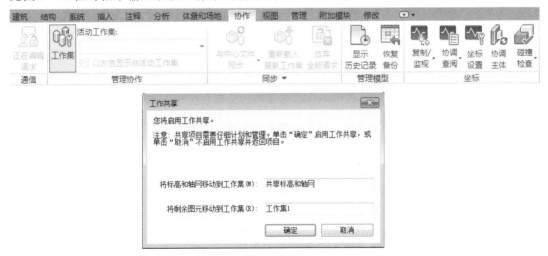

图 7-1

(2)单击"新建"按钮,输入新工作集名称,勾选或取消勾选"在所有视图中可见"复选框,设置工作集的默认可见性和打开/关闭链接模型,见图 7-2。选择工作集,可进行"重命名"或"删除"操作。

图 7-2

（3）创建完所有工作集后，单击"确定"按钮，见图 7-3。

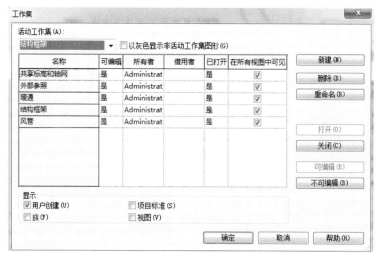

图 7-3

2.细分工作集

（1）在视图中选择相应的图元，单击"属性"选项板下的"标识数据"一栏，在"工作集"对应参数下拉列表中选择对应的工作集名称，将图元分配给该工作集。

（2）启用工作集后，在视图可见性对话框中选择"工作集"选卡项，可以设置工作集的可见与否，见图 7-4。

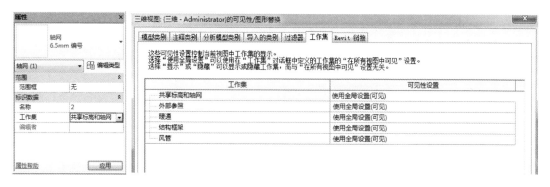

图 7-4

3.创建中心文件

在启用工作集后第一次保存项目时,将自动创建中心文件。在应用程序菜单中选择"文件"→"另存为"命令,设置保存路径和文件名称,单击"保存"按钮创建中心文件。

4.签入工作集

创建了中心文件以后,项目经理必须放弃工作集的可编辑性,以便其他用户可以访问所需要的工作集。

单击"协作"选项卡下"管理协作"面板中的"工作集"按钮,按"Ctrl＋A"组合键选择所有,勾选显示选项区域的"用户创建"复选框,在对话框的右侧单击"不可编辑"按钮,确定释放编辑权,见图 7-5。

图 7-5

7.1.2 单独使用工作集

项目经理启用工作集后,项目小组成员即可复制本地文件,签出各自负责工作集的编辑权限进行设计。

1.创建本地文件

(1)项目小组成员:在应用程序菜单中选择"文件"→"打开"命令,通过网络路径选择项目中心打开,注意,如果"选项"对话框中的用户名与之前设置不同,在"打开"对话框中注意勾选"新建本地文件"复选框,见图 7-6。

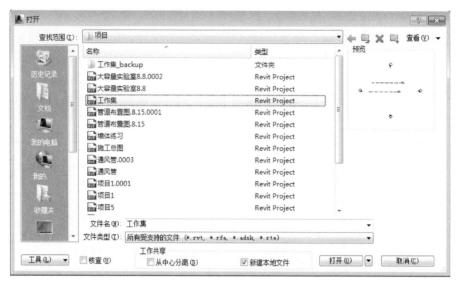

图 7-6

（2）在应用程序菜单中选择"文件"→"另存为"命令，在弹出的"另存为"对话框中单击"选项"按钮，在弹出的"文件保存选项"对话框中确认取消勾选"保存后将此作为中心模型"复选框，单击"确定"按钮，见图 7-7。

图 7-7

（3）设置本地文件名后单击"保存"按钮。

2.签出工作集

（1）单击"协作"选项卡下"管理协作"面板中的"工作集"按钮，选择要编辑的工作集名称，单击"可编辑"按钮获取"编辑权"，用户将显示在工作集的"所有者"一栏。

（2）选择不需要的工作集名称，单击"关闭"按钮，隐藏工作集的显示，提高系统的性能，见图 7-8。

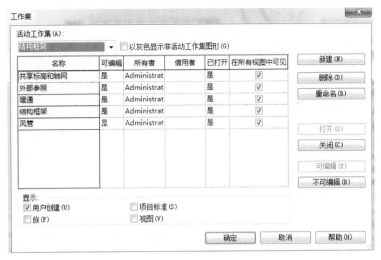

图 7 - 8

(3)在"协作"选项卡下"管理协作"面板中的"工作集"后面的"活动工作集"下拉列表中选择即将编辑的工作集名称,设为活动工作集,之后所添加的所有新图元将自动指定给活动工作集,见图 7 - 9。

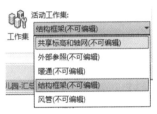

图 7 - 9

3.保存修改

(1)单击"应用程序"按钮,在弹出的下拉菜单中选择"保存"命令,或直接单击 ▣ 按钮保存到本地硬盘。

(2)如果要与中心文件同步,可在"协作"选项卡下"同步"面板中的"与中心文件同步"下拉列表中选择"立即同步" ⬡ 选项。

(3)如果要在与中心文件同步之前修改"与中心文件同步"设置,可在"协作"选项卡下"同步"面板中的"与中心文件同步"下拉列表中选择"同步并修改设置" ⬡ 选项,弹出"与中心文件同步"对话框,见图 7 - 10。

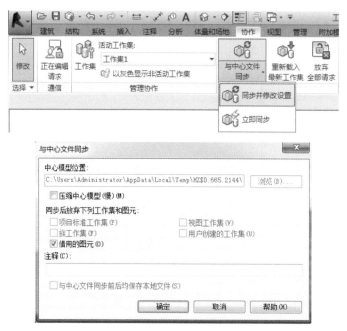

图 7-10

4.签入工作集

单击"协作"选项卡下"管理协作"面板中的"工作集"按钮,选择自己的工作集,在对话框的右侧单击"不可编辑"按钮,确定释放编辑权。

7.1.3　与多个用户协同设计

如果与多个用户协同设计,要重新载入最新工作集。

(1)项目小组成员间协同设计时,如果要查看别人的设计修改,只需要单击"协作"选项卡下"同步"面板中的"重新载入最新工作集"按钮即可。见图 7-11。

(2)建议项目小组成员每隔 1～2 个小时将工作保存到中心一次,以便于项目小组成员及时交流设计内容。

图 7-11

7.1.4　管理工作集

1.工作集备份

当保存共享项目时,Revit Architecture 会创建文件备份目录。例如,如果共享文件名为 brickhouse.rvt,Revit Architecture 将创建名为 brickhouse backup 的目录,在此目录中可以保存每次创建的备份。如果需要,可以让项目返回到以前某个版本的状态中。

(1)单击"协作"选项卡下"管理模型"面板中的"恢复备份"按钮,选择要恢复的版本,然后单击"打开"按钮。

(2)单击"返回到"按钮,可以返回到以前的某版本状态。

2.工作集修改历史记录

(1)单击"协作"选项卡下"管理模型"面板中的"显示历史记录"按钮,选择启用工作集的文件,单击"打开"按钮,列出共享文件中的全部工作集修改信息,包括时间、修改者和注释。

(2)单击"导出"按钮,将表格导出为分隔符文本,并读入电子表格程序,见图7-12。

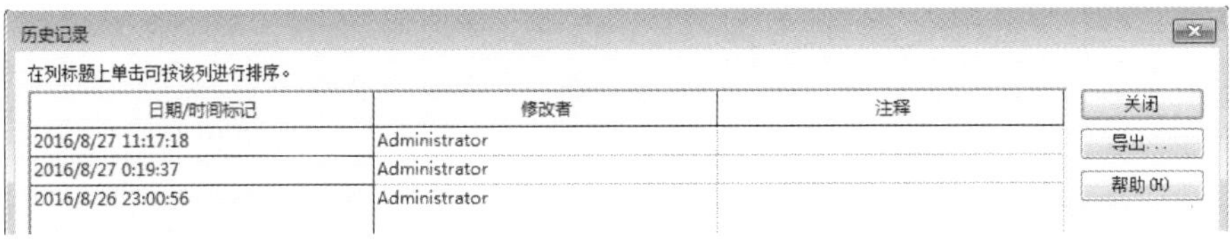

图 7 - 12

7.2 链接文件

1.文件的导入

单击"插入"选项卡下"链接"面板中的"链接 Revit"按钮,选择需要连接的 RVT 文件,见图 7 - 13。在"导入/链接 RVT"对话框中关于"定位"的选项如下:

(1)选择"定位"→"自动-中心到中心"时,会按照在当前视图中链接文件的中心与当前文件的中心对齐,见图 7 - 14。

图 7 - 13

图 7 - 14

（2）选择"定位"→"自动－原点到原点"时，会按照在当前视图中链接文件的原点与当前文件的原点对齐。

（3）选择"定位"→"自动－通过共享坐标"时，如果链接文件与当前文件没有进行坐标共享的设置，该选项会无效，系统会以"中心到中心"的方式来自动放置链接文件。

2.管理链接

当导入了链接文件之后，单击"管理"选项卡下"管理项目"面板中的"管理链接"按钮，见图7-15，在弹出的"管理链接"对话框中，选择"Revit"选项卡进行设置，见图7-16。在管理链接可见性设置中分别可以按照主体模型控制链接模型的可见性；可以将视图过滤器应用于主体模型的链接模型；可以标记链接文件中的图元，但是房间、空间和面积除外；可以从链接模型中的墙自动生成天花板网络。

图 7-15

图 7-16

（1）"参照类型"的设置，在该栏的下拉选项中有"覆盖"和"附着"两个选项，见图7-17。选择"覆盖"不载入嵌套链接模型（因此项目中不显示这些模型），选择"附着"则显示嵌套链接模型。

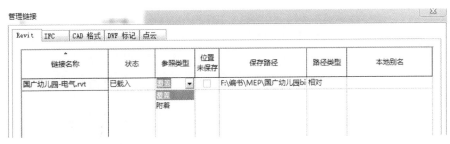

图 7 - 17

（2）当链接文件被载入后，单击"管理"选项卡下"管理项目"面板中的"管理链接"按钮，在弹出的"管理链接"对话框中选择"Revit"选项卡，会发现载入的链接文件存在，选择载入的文件时会在窗口下方出现以下命令（见图 7 - 18）：

图 7 - 18

①"重新载入来自"：用来对选定的链接文件进行重新选择来替换当前链接的文件。

②"重新载入"：用来重新从当前文件位置载入选中的链接文件以重现链接卸载了的文件。

③"卸载"：用来删除所有链接文件在当前项目文件中的实例，但保存其位置信息。

④"删除"：在删除了链接文件在当前项目文件中实例的同时，也从"管理链接"对话框的文件列表中删除选中的文件。

⑤管理工作集：用于在链接模型中打开和关闭工作集。

3.绑定

在视图中选中链接文件的实例,并单击"链接"面板中出现的"绑定链接"按钮,可以将链接文件中的对象以"组"的形式放置到当前的项目文件中。见图7-19。

在绑定时会出现"绑定链接选项"对话框,供用户选择需要绑定的除模型元素之外的元素,见图7-20。

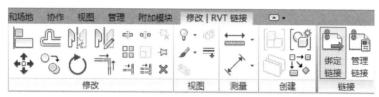

图 7-19

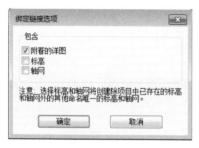

图 7-20

4.修改各视图显示

在导入链接文件的绘图区域单击鼠标右键,在弹出的快捷菜单中选择"属性"命令,在弹出的"属性"对话框中单击"可见性/图形替换"后的"编辑"按钮,在弹出的"可见性/图形替换"对话框中选择"Revit 链接"选项卡,选择要修改的链接模型或链接模型实例,单击"显示设置"列中的按钮,在弹出的"RVT 链接显示设置"对话框中进行相应设置,见图7-21。

图 7-21

（1）"按主体视图"：选择此单选按钮后，嵌套链接管理模型会使用在主体视图中指定的可见性和图形替换设置。

（2）"按链接视图"：选择此单选按钮后，嵌套链接管理模型会使用在父链接模型中指定的可见性和图形替换设置，用户也可以选择为链接模型显示的项目视图。

（3）"自定义"：从"嵌套链接"列表中选择下列选项：

①"按父链接"：父链接的设置控制嵌套链接。例如，如果父链接中的墙显示为蓝色，则嵌套链接中的墙也会显示为蓝色。

②选择"模型类别"选项卡：在"模型类别"后选择"自定义"即可激活视图中的模型类别，此时可以控制链接模型在主模型中的显示情况，关闭或打开链接文件中的模型。同理，"注释类别"与"导入类别"也可按如上方法进行处理显示，见图 7-22。

图 7-22

5.使用项目中的点云文件

当放置或编辑模型文件时，将点云文件链接到项目可提供参考。

在涉及现有建筑项目中，需要捕获某一栋建筑的现有情况，这通常是一个重要的项目任务。可使用激光扫描仪对现有物理物体（如建筑）表面进行点采样，然后将该数据作为点云保存。此特定激光扫描仪生成的数据量通常很大（几亿个到几十亿个点），因此，Revit 模型将点云作为参照连接，而不是嵌入文件。为提高效率和改进性能，在任何给定时间内，Revit 仅使用点的有限子集进行显示和选择。可以链接多个点云，可以创建每个链接的多个实例。

（1）点云。

①行为通常与 Revit 内的模型对象类似。

②显示在各种建模视图（例如，三维视图、平面视图和剖面视图）中。

③可以选择、移动、旋转、复制、删除、镜像等。

④按平面、剖面和剖面框剪切,使用户可以轻松地隔离云的剖面。

(2)控制可见性:在"可见性/图形替换"对话框的"导入类别"选项卡上,以每个图元为基础控制点云的可见性,可以打开或关闭点云的可见性,但无法更改图形设置,例如,线、填充图案或半色调。

(3)创建几何图形:捕捉功能简化了基于点云数据的模型创建。Revit 中的几何图形创建或修改工具(如墙、线、网格、旋转、移动等),可以捕捉到在点云中动态监测到的隐含平面表面。Revit 仅检测垂直于当前工作平面(在平面视图、剖面视图或三维视图中)的平面并仅位于光标附近。但是,在检测到工作后,该工作平面便用做全局参照,直到视图放大或缩小为止。

(4)管理链接的点云:"管理链接"对话框包含"点云"选项卡,该选项卡列出所有点云链接(类型)的状态,并提供与其他种类链接相似的标准,即"重新载入/卸载/删除"功能。

(5)在工作共享环境中使用点云:为了提高性能和降低网络流量,对需要使用相同点云文件的用户的建议工作流是将文本复制到本地。只要每位用户的点云文件本地副本的相对路径相同,则当与"中心"同步时链接将保持有效。相对路径在"管理链接"对话框中显示为"保存路径",并与在"选项"对话框的"文件位置"选项卡上指定的"点云根路径"相对。

将带索引的点云文件插入到 Revit 项目中,或者将原始格式的点云文件转换为 .pcg 索引格式。

6. 插入点云文件

(1)打开 Revit 项目。

(2)单击"插入"选项卡下"链接"面板中的 （点云)按钮。

(3)指定要链接的文件,如下所述:

①对于"查找范围",定位到文件位置。

②对于"文件类型",选择下列选项之一:

a. Autodesk 带索引的点云:拾取扩展名为 .pcg 的文件。

b. 原始格式:拾取扩展名为 .3dd、.asc、.cl3、.clr、.e57、.fls 或 .fws 的文件已自动索引应用程序,该程序会将原始文件转换为 .pcg 格式。

c. 所有文件:拾取任意扩展名的文件。

③对于"文件名",选择文件或指定文件的名称。

④对于"定位",选择下列选项:

a. 自动—中心到中心:Revit 将点云的中心放置在模型中心。模型的中心是通过查找模型周围的边界框的中心来计算的。如果模型的大部分都不可见,则在当前视图中可能看不到此中心点。要使中心点在当前视图中可见,可将缩放设置为"缩放匹配",这会将视图居中放置在 Revit 模型上。

b. 自动—原点到原点:Revit 会将点云的世界原点放置在 Revit 项目的内部原点处。如果所绘制的点云距原点较远,则它可能会显示在距模型较远的位置。如要对此进行测试,可将缩放设置为"缩放匹配"。

c. 自动—原点到最后放置:Revit 将以一致的方式放置前后分别导入的点云。选择此选项可帮助对齐在同一场地创建且坐标一致的多个点云。

（4）单击"打开"按钮。

①对于.pcg 格式的文件，Revit 会检索当前版本的点云文件，并将文件连接到项目。

②对于原始格式的文件，可执行以下操作：

a.单击"是"按钮，使 Revit 创建索引（.pcg）文件。

b.索引建立过程完成时，单击"关闭"按钮。

c.再次使用点云工具插入新的索引文件。

除了绘图视图和明细表视图，点云在所有视图中都可见。

第8章 渲染漫游

在 Revit MEP 2016 中,利用现有的三维模型,还可以创建效果图和漫游动画,全方位展示建筑师的创意和设计成果。因此,在一个软件环境中既可完成从施工图设计到可视化设计的所有工作,又改善了以往几个软件中操作所带来的重复劳动、数据流失等弊端,提高了设计效率。

Revit MEP 2016 集成了 Mental Ray 渲染器,可以生成建筑模型的照片级正式感图像,可以及时看到设计效果,从而向客户展示设计或将它与团队成员分享。Revit MEP 2016 的渲染设置非常容易操作,只需设置真实的地点、日期、时间和灯光即可渲染三维及相机透视图。设置相机路径即可创建漫游动画,动态查看与展示项目设计。

本章重点讲解设计表现内容,包括材质设计、给构件赋予材质、创建室内外相机视图、室内外渲染场景设置及渲染,以及项目漫游的创建与编辑方法。

8.1 渲染

8.1.1 创建透视图

(1)打开一个平面视图、剖面视图或立面视图,并且平铺窗口。

(2)在"视图"选项卡下"创建"面板的"三维视图"下拉列表中选择"相机"选项。

(3)在平面视图绘图区域中单击放置相机并将光标拖拽到所需目标点。

(4)光标向上移动,超过建筑最上端,单击放置相机视点。选择三维视图的视口,视口各边超过建筑后释放鼠标,视口被放大。至此创建了一个正面相机透视图,见图 8-1 和图 8-2。

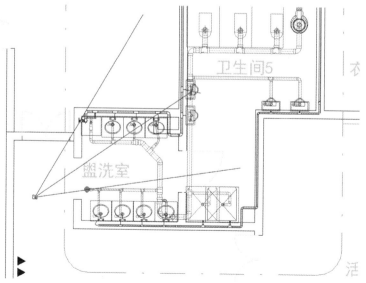

图 8-1

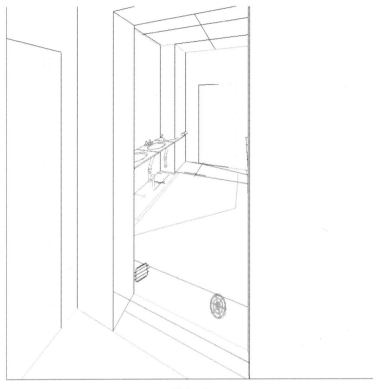

图 8-2

（5）在立面视图中按住相机可以上下移动，相机的视口也会跟着上下摆动，此可以创建鸟瞰透视图，见图 8-3 和图 8-4。

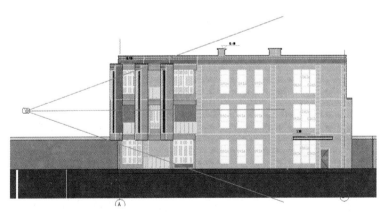

图 8-3

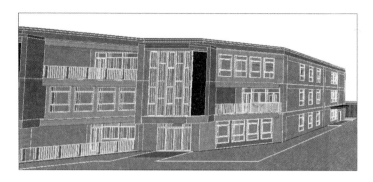

图 8-4

（6）使用同样的方法在室内放置相机就可以创建室内三维透视图,见图 8-5 和图 8-6。

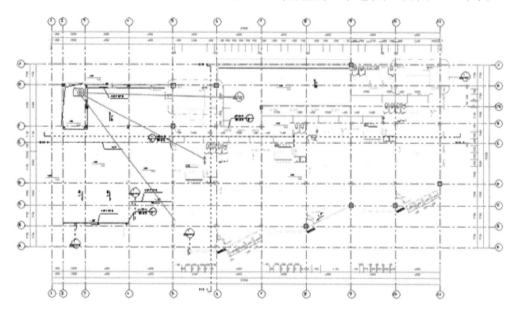

图 8-5

图 8-6

8.1.2 颜色的设置

一个项目中包括空调风系统（包括送风系统、回风系统、新风系统、排风系统）、空调水系统、采暖系统、给水系统、排水系统、消防系统、配电系统、弱点系统等多个系统，为了区分不同的系统我们可以在 Revit MEP 2016 中设置不同的颜色，使不同系统的管道在项目中显示不同的颜色。

不同的系统设置不同的颜色是为了在视觉上区分各个系统，因此在每个需要区分的系统中分别设置。在项目中直接输入快捷键"VV"或"VG"，进入"可见性/图形替换"对话框，选择"过滤器"选项卡，如图 8-7 所示。

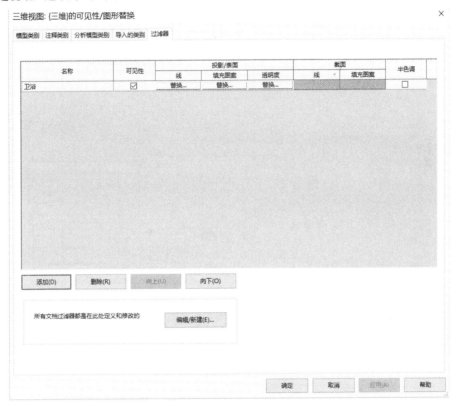

图 8-7

如果系统自导的过滤器中没有所需的系统，则可以自定义系统，具体步骤如下：

（1）单击"可见性/图形替换"对话框中的"添加"按钮，打开"添加过滤器"对话框，选择需要添加的选项，见图 8-8。如果列表中没有自己所要添加的系统名称，单击"编辑/新建"按钮，打开"过滤器名称"对话框，添加系统名称，见图 8-9。

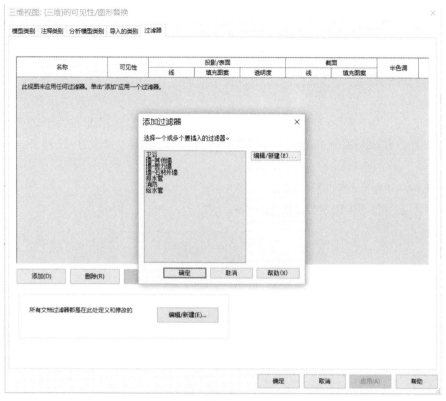

图 8 - 8

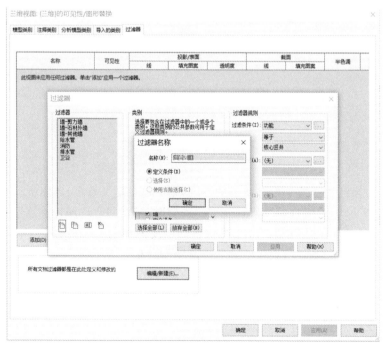

图 8 - 9

(2)设置过滤条件。在"类别"区域中勾选相应的类别,在"过滤条件"中选择合适的条件,见图8-10,完成后单击"确定"按钮。

图8-10

(3)勾选的选项待设置完成后会被着色,单击"投影/表面"下的"填充图案",见图8-11,给各系统设置不同的颜色,设置完成后单击两次"确定"按钮。

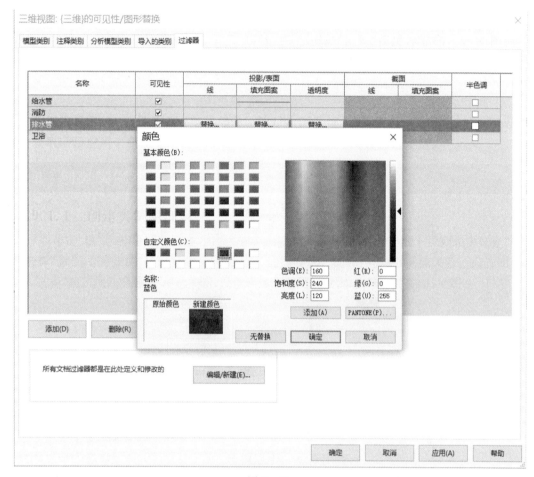

图 8 - 11

单击"确定"按钮,回到三维视图,显示如图 8 - 12 所示。

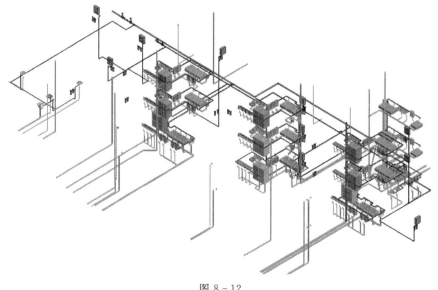

图 8 - 12

8.1.3 渲染设置

单击视图控制栏的"渲染"按钮,弹出"渲染"对话框,对话框中选项的功能如图 8-13 所示。

图 8-13

(1)在"渲染"对话框中"照明"选项区域的"方案"下拉列表框中选择"室外:仅日光"选项。

(2)打开"日光位置"对话框,见图 8-14。

图 8-14

(3)在"日光设置"对话框左上角"日光研究"中选择"静止",单击"预设"中的"夏至",然后点击左下角的"复制"按钮,在弹出的"名称"对话框中输入"6:00",单击"确定"按钮。

(4)在"日光设置"对话框右边的设置栏下面选择地点、日期和时间,单击"地点"后面的按钮,弹出"位置、气候和场地"对话框,在"城市"下拉列表中选择"北京,中国",经度、纬度将自动调整为北京的信息,勾选"根据夏令时的变更自动调整时钟"复选框。单击"确定"按钮关闭对话框,回到"日光设置"对话框。

(5)单击"日期"后的下拉按钮,设置日期为"2009/6/23",单击时间的小时数值,输入"6",单击分数值,输入"0",单击"确定"按钮返回"渲染"对话框。

(6)在"渲染"对话框中"质量"选项区域的"设置"下拉列表中选择"高"选项。

(7)设置完成后,单击"渲染"按钮,开始渲染,并弹出"渲染进度"对话框,显示渲染进度,见图8-15。

图8-15

图8-16

图8-17

(8)勾选"渲染进度"对话框中"当渲染完成时关闭对话框"复选框,渲染后此工具条自动关闭,渲染结果见图8-16。图8-17为其他渲染练习。

8.2 创建漫游

(1)在项目浏览器中进入1F平面视图。

(2)单击"视图"选项卡下"三维视图"面板中的"漫游"按钮。

(3)将光标移至绘图区域,在1F平面视图中幼儿园南面中间的位置单击,开始绘制路径,即漫游所要进过的路线。每单击一个点,即可创建一个关键帧,沿着幼儿园外围逐个单击放置关键帧,路径围绕幼儿园一周后,单击选项栏上的"完成"按钮或按"Esc"键完成漫游路径的绘制,见图8-18。

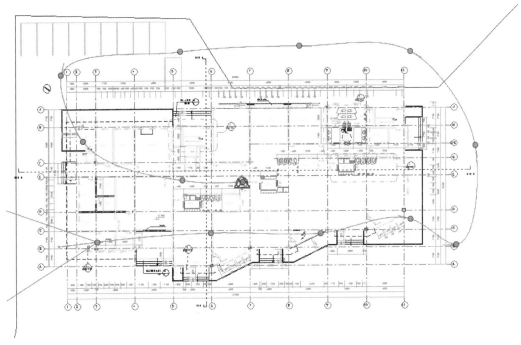

图 8-18

(4)完成路径后,项目浏览器中出现"漫游"项,可以看到刚刚创建的漫游名称是"漫游1",双击"漫游1"打开漫游视图。

(5)打开项目浏览器中的"楼层平面"项,双击"1F",打开一层平面视图,在"视图"中选择"窗口"的"平铺"命令,此时绘图区域同时显示平面图和漫游视图。

(6)单击漫游视图和视图控制栏上的"模型图形样式"图标,将显示模式替换为"着色",选择渲染视口边界,单击视口四边上的控制点,按住鼠标左键向外拖拽,放大视口,见图8-19。

图 8-19

(7)选择漫游视口边界,单击选项栏上的"编辑漫游"按钮,在 1F 视图上单击,激活 1F 平面视图,此时选项栏的工具可以用来设置漫游,见图 8-20。单击帧数"300",输入"1",按"Enter"键确认,从第一帧开始编辑漫游。在"控制"中选择"活动相机"时,1F 平面视图中的相机为可编辑状态,此时可以拖拽相机视点改变为相机方向,直至观察三维视图该帧的视点合适。在"控制"下拉列表框中选择"路径"选项即可编辑每帧的位置,在 1F 视图中关键帧变为可拖拽位置的蓝色控制点。见图 8-21。

图 8-20

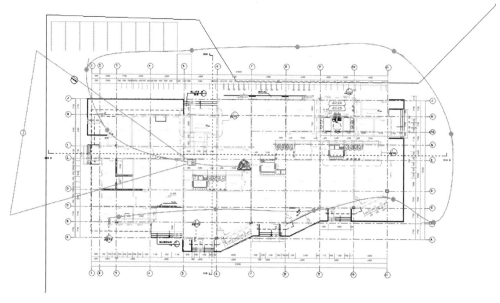

图 8-21

(8)第一个关键帧编辑完毕后单击选项栏的下一关键帧按钮,借此工具可以逐帧编辑漫游,从而得到完美的漫游。

(9)如果关键帧过少,则可以在"控制"下拉列表框中选择"添加关键帧"选项,就可以在现有的两个帧之间直接添加新的关键帧;而"删除关键帧"则是删除度与关键帧的工具。

(10)编辑完成后单击选项栏上的"播放"按钮,播放刚刚完成的漫游。

(11)漫游创建完成后可选择应用程序菜单"导出"→"图像和动画"→"漫游"命令,弹出"长度/格式"对话框,见图 8-22。

图 8-22

(12)其中"帧/秒"选项用来设置导出后的漫游速度为每秒多少帧,默认为 15 帧,播放速度会比较快,建议设置速度为 3 帧或 4 帧,速度将比较合适。单击"确定"按钮后弹出"导出漫游"对话框,输入文件名,并选择路径,单击"保存"按钮,弹出"视频压缩"对话框。在该对话框中默认为"全帧(非压缩的)",产生的文件会非常大,建议在下拉列表中选择压缩模式"Microsoft Video1",此模式为大部分系统可以读取的模式,同时可以减小文件的大小,单击"确定"按钮,将漫游文件导出为外部 AVI 文件。

第9章 明细表

明细表是 Revit 软件的重要组成部分。通过定制明细表,我们可以从所创建的 Revit 模型中获取项目应用中所需要的各类项目信息,应用表格的形式直观地表达。

9.1 创建实例和类型明细表

9.1.1 创建实例明细表

(1)单击"视图"选项卡下"创建"面板中的"明细表"下拉按钮,在弹出的下拉列表中选择"明细表/选择"命令,在弹出的"新建明细表"对话框中选择要统计的构件类别,例如风管。设置明细表名称,选择"建筑构件明细表"单选按钮,设置明细表应用阶段,单击"确定"按钮,见图 9-1。

图 9-1

(2)"字段"选项卡:从"可用的字段"列表框中选择要统计的字段,单击"添加"按钮移动到"明细表字段"列表框中,利用"上移""下移"按钮调整字段顺序,见图 9-2。

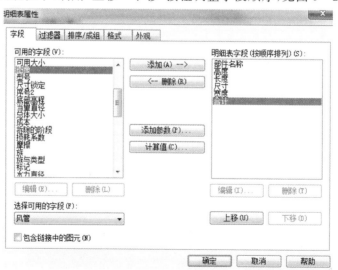

图 9-2

（3）"过滤器"选项卡：设置过滤器可以统计其中部分构件，不设置则统计全部构件，见图9－3。

图9－3

（4）"排序/成组"选项卡：设置排序方式，勾选"总计""逐项列举每个实例"复选框，见图9－4。

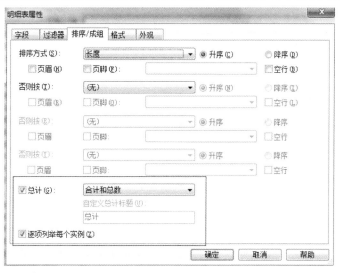

图9－4

（5）"格式"选项卡：设置字段在表格中标题名称（字段和标题名称可以不同，如"类型"可修改为窗编号）、方向、对齐方式，需要时可勾选"计算总数"复选框，见图9－5。

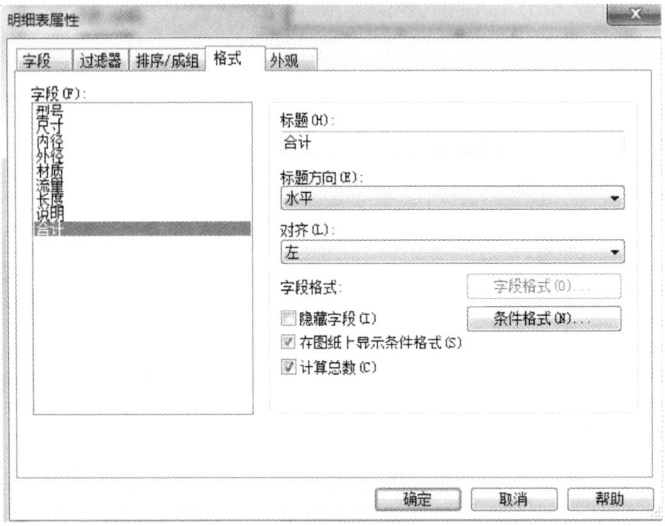

图 9 - 5

（6）"外观"选项卡：设置表格线宽、标题和正文文字字体与大小，单击"确定"按钮，见图9-6。

图 9 - 6

9.1.2　创建类型明细表

在实例明细表视图左侧"视图属性"面板中单击"排序/成组"对应的"编辑"按钮，在"排序/成组"选项卡中取消勾选"逐项列举每个实例"复选框。注意："排序方式"选择构件类型，确定后自动生成类型明细表。

9.1.3　创建关键字明细表

（1）在功能区"视图"选型卡"创建"面板中的"明细表"下拉列表中选择"明细表/数量"选项，选择要统计的构件类别，如管道，见图9-7。设置明细表名称，选择"明细表关键字"单选按钮，输入"关键字名称"，单击"确定"按钮。

图 9 - 7

（2）点击"确定"后，添加相应的明细表字段，见图 9 - 8。

图 9 - 8

（3）在功能区，单击"行"面板中的"新建"按钮向明细表中添加新行，创建新关键字，并填写每个关键字的相应信息，见图 9 - 9。

图 9 - 9

（4）将关键字应用到图元中：在图形视图中选择含有预定义关键字的图元。

(5)将关键字应用到明细表:按上述步骤新建明细表,选择字段时添加关键字名称字段,如"流量",设置表格属性,单击"确定"按钮,见图9-10。

				<管道明细表3>			
A	B	C	D	E	F	G
型号	速度	尺寸	族与类型	相对粗糙度	系统名称	部件代码
	0.0 m/s	150 mm	管道类型:标准	0.000065	循环供水 1	
	0.0 m/s	150 mm	管道类型:标准	0.000065	循环供水 2	
	0.0 m/s	150 mm	管道类型:标准	0.000065	循环供水 3	
	0.0 m/s	150 mm	管道类型:标准	0.000065	循环供水 3	
	0.0 m/s	150 mm	管道类型:标准	0.000065	循环供水 3	
	0.0 m/s	150 mm	管道类型:标准	0.000065	循环供水 3	
	0.0 m/s	150 mm	管道类型:标准	0.000065	循环供水 2	
	0.0 m/s	150 mm	管道类型:标准	0.000065	循环供水 2	
	0.0 m/s	150 mm	管道类型:标准	0.000065	循环供水 1	
	0.0 m/s	150 mm	管道类型:标准	0.000065	循环供水 1	
	0.0 m/s	150 mm	管道类型:标准	0.000065	循环供水 1	
	0.0 m/s	150 mm	管道类型:标准	0.000065	循环供水 3	
	0.0 m/s	150 mm	管道类型:标准	0.000065	循环供水 3	
	0.0 m/s	150 mm	管道类型:标准	0.000065	循环供水 3	

图 9-10

9.2 生成统一格式部件代码和说明明细表

(1)按上节所述步骤新建构件明细表,如管道明细表。选择字段时添加"流量"和"直径"字段,设置表格属性,单击确定。

(2)单击表中某行的"部件代码",然后单击┌———┐矩形按钮,选择需要的部件代码,单击确定。

(3)在明细表中单击,将弹出一个对话框,单击"确定"按钮将修改应用到所选类型的全部图元中,生成统一格式部件和说明明细表,见图9-11。

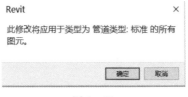

图 9-11

9.3 创建共享参数明细表

使用共享参数可以将自定义参数添加到族构件中进行统计。

9.3.1 创建共享参数文件

(1)单击"管理"选项卡下"设置"面板中的"共享参数"按钮,弹出"编辑共享参数"对话框,见图9-12。单击"创建"按钮,在弹出的对话框中设置共享参数文件的保存路径和名称,单击"保存"按钮,图9-13。

图 9 - 12

图 9 - 13

(2)单击"组"选项区域的"新建"按钮,在弹出的对话框中输入组名,创建参数组;单击"参数"选项区域的"新建"按钮,在弹出的对话框中设置参数的名称、类型,给参数组添加参数,单击确定创建共享参数文件,见图 9 - 14。

图 9 - 14

9.3.2 将共享参数添加到族中

新建族文件时,在"族类型"对话框中添加参数时,选择"共享参数"单选按钮,然后单击"选择"按钮即可为构件添加共享参数并设置其值,见图 9 - 15 至图 9 - 18。

图 9 - 15   图 9 - 16

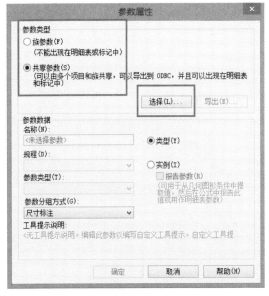

图 9－17   图 9－18

9.3.3　创建多类别明细表

（1）在"视图"选项卡下单击"创建"面板中的"明细表"下拉按钮，在弹出的下拉列表中选择"明细表/数量"选项，在弹出的"新建明细表"对话框的列表中选择"多类别"，单击"确定"按钮。

（2）在"字段"选项卡中选择要统计的字段及共享参数字段，单击"添加"按钮移动到"明细表字段"列表中，也可单击"添加参数"按钮选择共享参数。

（3）设置过滤器、排序/成组、格式、外观等属性，确定创建多类别明细表。

9.4　在明细表中使用公式

在明细表中可以通过给现有字段应用计算公式来求得需要的值，例如，可以根据每一种墙类型的总面积创建项目中所有墙的总成本的墙明细表。

（1）按上节所述步骤新建构件类型明细表，如墙类型明细表，选择统计字段：合计、族与类型、成本、面积，设置其他表格属性。

（2）在"成本"一列的表格中输入不同类型墙的单价。在属性面板中单击"字段参数"后的"编辑"按钮，打开表格属性对话框的"字段"选项卡。

（3）单击"计算值"按钮，弹出"计算值"对话框，输入名称（如总成本）、计算公式（如"成本＊面积/（1000.0）"），选择字段类型（如面积），单击"确定"按钮。

（4）明细表中会添加一列"总成本"，其值自动计算，见图 9－19。

图 9 - 19

9.5 导出明细表

(1)打开要导出的明细表,在应用程序菜单中选择"导出"→"报告"→"明细表"命令,在"导出"对话框中指定明细表的名称和路径,单击"保存"按钮将该文件保存为分隔符文本。

(2)在"导出明细表"对话框中设置明细表外观和输出选项,单击"确定"按钮,完成导出,见图 9 - 20。

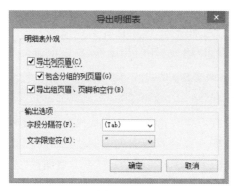

图 9 - 20

(3)启动 Microsoft Excel 或其他电子表格程序,打开导出的明细表,即可进行任意编辑修改。

第 10 章　成果输出

10.1　创建图纸与设置项目信息

10.1.1　创建图纸

(1)单击视图选项卡中图纸组合面板上的"图纸"按钮,见图 10-1。

图 10-1

(2)在新建图纸对话框中,从列表中选择一个标题栏,见图 10-2。若列表中没有所需标题栏可单击"载入"从"Library"中选择所需图纸。

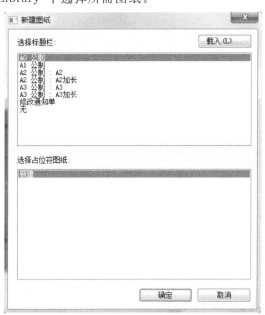

图 10-2

(3)创建图纸视图后,在项目浏览器中自动增加了"A101-未命名",见图 10-3。

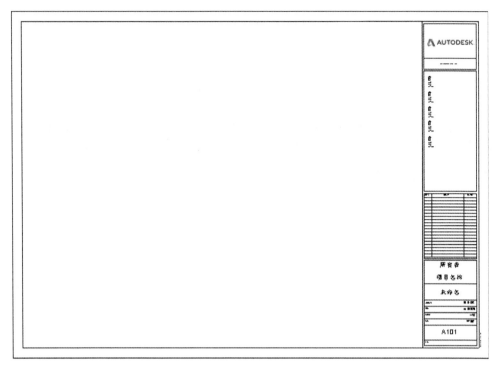

图 10－3

10.1.2　设置项目信息

(1)单击"管理"选项卡下"设置"面板中的"项目信息"按钮,见图 10－4。

图 10－4

(2)在"项目属性"对话框中输入相关内容,见图 10－5,输入完成后,单击"确认"按钮。

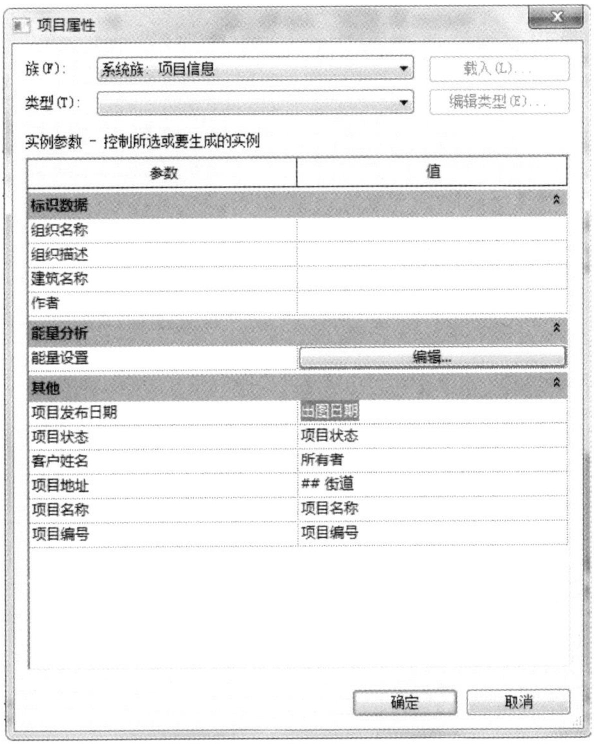

图 10 - 5

（3）在"属性"对话框中可以修改图纸名称、绘图员等，见图 10 - 6。

图 10 - 6

10.2　图例视图制作

1.创建图例视图

单击"视图"选项卡下"创建"面板中的"图例"下拉菜单中的"图例"，见图 10 - 7。弹出"新图例视图"对话框后，单击"确定"完成图例视图的创建，见图 10 - 8。

图 10 - 7

图 10 - 8

2. 选取图例构件

单击"注释"选项卡下"详图"面板中的"构件"下拉菜单，再单击"图例构件"，根据需要设置选项栏，设置完成后放置构件，见图 10 - 9。

图 10 - 9

10.3 布置视图

(1) 定义图纸编号和名称。

创建完图纸后，在项目浏览器中打开图纸选项对新建的图纸进行重命名。单击鼠标右键中的"重命名"选项，在弹出的"图纸标题"对话框中进行图纸的重命名，见图 10 - 10。

图 10 - 10

（2）放置视图。

在项目浏览器中按住鼠标左键将所需视图平面拖到图纸视图中。

（3）添加图名。

（4）改变视图比例。

在图纸中选择相应的视图并单击"修改|视口"选项卡"视口"面板上的"激活视图"按钮，见图 10-11。然后点击绘图区域左下方的视图控制栏比例，在弹出的对话框中选择适当的比例。选择比例完成后，单击鼠标右键选择"取消激活视图"命令。

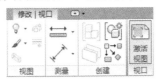

图 10-11

10.4 打印

（1）创建图纸后，单击"应用程序菜单"，选择"打印"右拉菜单中的"打印"按钮，见图 10-12，弹出"打印"对话框，图 10-13。

图 10-12

图 10 - 13

（2）在"名称"下拉菜单中选择可用的打印机名称。

（3）单击"名称"后的"属性"按钮,弹出"文档属性"对话框,见图 10 - 14。选择方向为"横向"并单击"高级"按钮,弹出"高级选项"对话框,见图 10 - 15。

（4）在纸张规格下拉列表中选择要用的纸张规格。选择完成后单击"确定",返回"文档属性"对话框,再单击"确定"返回"打印"对话框。

图 10 - 14

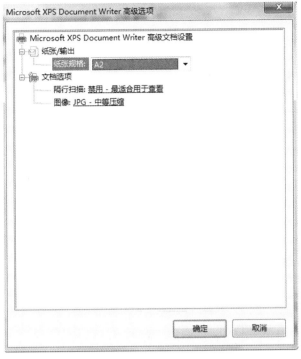

图 10-15

(5)确定打印范围,若要打印所选视图和图纸,则单击"选择",然后选择要打印的视图和图纸,单击"确定"。

(6)准备完成后单击"打印"对话框中的"确定",完成打印。

10.5 导出 DWG 和导出设置

(1)打开要导出的视图,在"应用程序菜单"中选择"导出"中的"CAD 格式",再选择"DWG"并单击,弹出如图 10-16 所示的"DWG 导出"对话框。

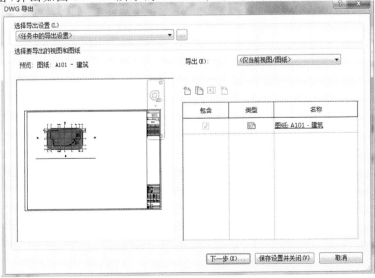

图 10-16

（2）单击"选择导出设置"弹出如图 10-17 所示对话框，在对话框中进行相关修改，修改完成后单击"确定"。

图 10-17

（3）选择导出的视图和图纸。若已经准备好要导出，则单击"下一步"，否则单击"保存设置并关闭"。

（4）单击"下一步"后，选择相应的保存路径、CAD 格式文件的版本，输入相应的文件名称。

（5）单击"确定"完成 DWG 文件导出设置。